全国科学技术名词审定委员会

公　布

科学技术名词·工程技术卷（全藏版）

32

林　学　名　词

CHINESE TERMS IN FOREST SCIENCE

林学名词审定委员会

国家自然科学基金资助项目

科学出版社

北　京

内 容 简 介

　　本书是全国科学技术名词审定委员会公布的林学名词，包括综论、造林、森林保护、森林经理、水土保持、园林、林业工程、木材加工、林产化学加工等九大类，共 2 219 条。本书是科研、教学、生产、经营、新闻出版等部门使用的林学规范名词。

图书在版编目(CIP)数据

科学技术名词. 工程技术卷：全藏版 / 全国科学技术名词审定委员会审定.
—北京：科学出版社，2016.01
　ISBN 978-7-03-046873-4

　I. ①科… II. ①全… III. ①科学技术–名词术语 ②工程技术–名词术语
IV. ①N-61 ②TB-61

　中国版本图书馆 CIP 数据核字 (2015) 第 307218 号

责任编辑：王宝瑄 / 责任校对：陈玉凤
责任印制：张 伟 / 封面设计：铭轩堂

科学出版社 出版
北京东黄城根北街 16 号
邮政编码：100717
http://www.sciencep.com
北京厚诚则铭印刷科技有限公司印刷
科学出版社发行　各地新华书店经销
＊
2016 年 1 月第 一 版　　开本：787×1092 1/16
2016 年 1 月第一次印刷　　印张：9
　　　　　字数：197 000
定价：7800.00 元 (全 44 册)
(如有印装质量问题，我社负责调换)

全国自然科学名词审定委员会委员名单

主 任 委 员： 钱三强

副主任委员： 叶笃正　章　综　马俊如　胡兆森　王寿仁
　　　　　　　吴衍庆　戴荷生　苏世生　吴凤鸣　黄昭厚

委　　　员（按姓氏笔画为序）：

马大猷	王大珩	王大耜	王子平	王世真
王绶琯	卢钟鹤	叶克明	叶连俊	田方增
邢其毅	朱弘复	任新民	刘涌泉	杨孝仁
李正理	李怀尧	李君凯	李荫远	吴大任
吴阶平	吴鸿适	谷超豪	宋　立	陈　原
陈陆圻	陈家镛	陈鉴远	阿巴斯	包尔汉
林　超	周　炜	周明镇	季文美	郑作新
尚　丁	张　伟	张光斗	张致一	张青莲
赵凯华	赵惠田	姚贤良	徐士高	钱伟长
钱临照	翁心植	谈家桢	龚树模	龚嘉侯
康文德	章基嘉	梁树权	蒋国基	傅承义
程开甲	程裕淇	曾呈奎		

林学名词审定委员会委员名单

序

　　科技名词术语是科学概念的语言符号。人类在推动科学技术向前发展的历史长河中，同时产生和发展了各种科技名词术语，作为思想和认识交流的工具，进而推动科学技术的发展。

　　我国是一个历史悠久的文明古国，在科技史上谱写过光辉篇章。中国科技名词术语，以汉语为主导，经过了几千年的演化和发展，在语言形式和结构上体现了我国语言文字的特点和规律，简明扼要，蓄意深切。我国古代的科学著作，如已被译为英、德、法、俄、日等文字的《本草纲目》、《天工开物》等，包含大量科技名词术语。从元、明以后，开始翻译西方科技著作，创译了大批科技名词术语，为传播科学知识，发展我国的科学技术起到了积极作用。

　　统一科技名词术语是一个国家发展科学技术所必须的基础条件之一。世界经济发达国家都十分关心和重视科技名词术语的统一。我国早在 1909 年就成立了科技名词编订馆，后又于 1919 年中国科学社成立了科学名词审定委员会，1928 年大学院成立了译名统一委员会。1932 年成立了国立编译馆，在当时教育部主持下先后拟订和审查了各学科的名词草案。

　　新中国成立后，国家决定在政务院文化教育委员会下，设立学术名词统一工作委员会，郭沫若任主任委员。委员会分设自然科学、社会科学、医药卫生、艺术科学和时事名词五大组，聘任了各专业著名科学家、专家，审定和出版了一批科学名词，为新中国成立后的科学技术的交流和发展起到了重要作用。后来，由于历史的原因，这一重要工作陷于停顿。

　　当今，世界科学技术迅速发展，新学科、新概念、新理论、新方法不断涌现，相应地出现了大批新的科技名词术语。统一科技名词术语，对科学知识的传播，新学科的开拓，新理论的建立，国内外科技交流，学科和行业之间的沟通，科技成果的推广、应用和生产技术的发展，科技图书文献的编纂、出版和检索，科技情报的传递等方面，都是不可缺少的。特别是计算机技术的推广使用，对统一科技名词术语提出了更紧迫的要求。

　　为适应这种新形势的需要，经国务院批准，1985 年 4 月正式成立了全国自然科学名词审定委员会。委员会的任务是确定工作方针，拟定科技名词术语审定工作计划、实施方案和步骤,组织审定自然科学各学科名词术语,并予以公布。根据国务院授权,委员会审定公布的名词术语,科研、教学、生产、经营、以及新闻出版等各部门,均应遵照使用。

全国自然科学名词审定委员会由中国科学院、国家科学技术委员会、国家教育委员会、中国科学技术协会、国家标准局、国家自然科学基金委员会分别委派了正、副主任,担任领导工作。在中国科协各专业学会密切配合下,逐步建立各专业审定分委员会,并已建立起一支由各学科著名专家、学者组成的近千人的审定队伍,负责审定本学科的名词术语。我国的名词审定工作进入了一个新的阶段。

这次名词术语审定工作是对科学概念进行汉语订名,同时附以相应的英文名称,既有我国语言特色,又方便国内外科技交流。通过实践,初步摸索了具有我国特色的科技名词术语审定的原则与方法,以及名词术语的学科分类、相关概念等问题,并开始探讨当代术语学的理论和方法,以期逐步建立起符合我国语言规律的自然科学名词术语体系。

统一我国的科技名词术语,是一项繁重的任务,它既是一项专业性很强的学术性工作,又是一项涉及亿万人使用的实际问题。审定工作中我们要认真处理好科学性、系统性和通俗性之间的关系;主科与副科间的关系;学科间交叉名词术语的协调一致;专家集宁审定与广泛听取意见等问题。

汉语是世界五分之一人口使用的语言,也是联合国的工作语言之一。除我国外,世界上还有一些国家和地区使用汉语,或使用与汉语关系密切的语言。做好我国的科技名词术语统一工作,为今后对外科技交流创造了更好的条件,使我炎黄子孙,在世界科技进步中发挥更大的作用,作出重要的贡献。

统一我国科技名词术语需要较长的时间和过程,随着科学技术的不断发展,科技名词术语的审定工作,需要不断地发展、补充和完善。我们将本着实事求是的原则,严谨的科学态度作好审定工作,成熟一批公布一批,提供各界使用。我们特别希望得到科技界、教育界、经济界、文化界、新闻出版界等各方面同志的关心、支持和帮助,共同为早日实现我国科技名词术语的统一和规范化而努力。

全国自然科学名词审定委员会主任

钱 三 强

1987 年 8 月

前　　言

　　近三十多年来,随着林业科学技术的迅猛发展,学科领域不断扩大,专业划分越来越细,学科之间的交叉渗透日趋加深,新的专业名词不断涌现,加之过去对名词术语从未系统进行过审定,使林学名词不同程度地存在着混乱现象。这对林业科研、教学的发展,新技术的推广以及国内外学术交流带来很大的影响。为此中国林学会经全国自然科学名词审定委员会同意,于 1985 年 5 月成立了"林学名词审定工作筹备组",制定出《林学名词审定委员会工作细则》并按林学基础、林学、水土保持、园林、林业工程、林产加工等六个专业,组织有关专家分别起草,到 1986 年 6 月拟出第一批《林学基本名词》(草案),共收词4500 余条。

　　1987 年 3 月林学名词审定委员会正式成立,并对该草案进行了初审,经修改后分送全国有关单位和专家广泛征求意见。各学科组于 1987 年年底,在认真研究讨论反馈意见的基础上,提出第三稿,在 1988 年 4 月召开的二审会上再次审议修改,最后于 1989 年 1月三审定稿并上报,全国自然科学名词审定委员会委托吴中伦、汪振儒、王恺三位先生对上报稿进行了复审,于 1989 年 3 月全国自然科学名词审定委员会批准公布。

　　本批公布的林学名词是林业科学中的基本词,共分九大类,收词范围涉及 28 个分支学科,共 2219 条。类别的划分主要是为了便于查索,而非严谨的分类研究。林学名词与其它应用学科,尤其是很多基础学科有所交叉渗透,为了避免学科间的不统一和重复,我们与植物、昆虫、土壤等学科名词审定委员会进行了协调。在审定中,对某些虽已约定俗成的名词,如"造林学"(silviculture)、"测树学"(forest mensuration)等因其涵义已不能适应学科的发展,故经过反复审议,最后分别改定为"森林培育学"及"森林测计学",原名则作为异名列在注释栏中。

　　在整个审定过程中,得到了林学界和有关学科专家们的热情支持,提出了很多修改意见和建议,在此表示感谢。我们希望各界人士在使用过程中提出宝贵意见,以便讨论修订,使其更趋完臻。

林学名词审定委员会
1989 年 3 月

编 排 说 明

一、本批公布的是林学的基本名词。

二、全书按主要分支学科分为综论、造林、森林保护、森林经理、水土保持、园林、林业工程、木材加工、林产化学加工等九大类。

三、正文中汉文名词按相关概念排列,并附有与该词概念相对应的英文名。

四、一个汉文名对应几个英文同义词时,一般将最常见的放在前面,并用逗号分开。

五、英文词的首字母大、小写均可时,一律小写。英文词除必须用复数者,一般用单数。

六、对某些新词、概念易混淆的词和源出于我国的词,附有简明的定义性注释。

七、汉文名的重要异名列在注释栏内,其中"又称"为不推荐用名;"曾用名"为不再使用的旧名。

八、名词中[ ]内的字使用时可以省略。

九、书末所附的英汉索引,按英文名词字母顺序编排;汉英索引,按名词汉语拼音顺序排列。所示号码为该词在正文中的序号。索引中汉文名前加注＊号者,为出现在该条注释栏中的又称、简称、曾用名等。

目　　录

目 录

01. 综　论

序　码	汉 文 名	英 文 名	注　释
01.001	森林	forest	
01.002	原始林	virgin forest	
01.003	次生林	secondary forest	
01.004	天然林	natural forest	
01.005	人工林	forest plantation, man-made forest	
01.006	速生丰产林	fast-growing and high-yield plantation	
01.007	乔林	high forest	
01.008	中林	composite forest	
01.009	矮林	coppice forest	
01.010	针叶林	coniferous forest	
01.011	阔叶林	broad leaved forest	
01.012	落叶阔叶林	deciduous broadleaved forest	
01.013	常绿阔叶林	evergreen broadleaved forest	
01.014	热带雨林	tropical rain forest	
01.015	红树林	mangrove forest	
01.016	林种	forest category	
01.017	用材林	timber forest	
01.018	防护林	protection forest	
01.019	经济林	non-timber product forest	培育木材以外的其它林产品为主的森林。
01.020	薪炭林	firewood forest, fuelwood forest	
01.021	能源林	energy forest	
01.022	特种用途林	forest for special use	
01.023	风景林	amenity forest	
01.024	纯林	pure forest	
01.025	混交林	mixed forest	
01.026	同龄林	evenaged forest	
01.027	异龄林	uneven aged forest	
01.028	单层林分	uniform stand	
01.029	复层林分	multi-storied stand	
01.030	林学	forest science, forestry	
01.031	树木学	dendrology	

序 码	汉 文 名	英 文 名	注 释
01.032	树木生理学	tree physiology	
01.033	森林气象学	forest meteorology	
01.034	森林土壤学	forest soil science	
01.035	森林生物学	forest biology	
01.036	森林生态学	forest ecology	
01.037	林业经济学	forest economics	
01.038	森林遗传学	forest genetics	
01.039	林木育种学	forest tree improvement, forest tree breeding	
01.040	森林培育学	silviculture	又称"造林学"。
01.041	森林病理学	forest pathology	
01.042	森林昆虫学	forest entomology	
01.043	森林测计学	forest mensuration	又称"测树学"。
01.044	森林经理学	forest management	
01.045	林业史	forestry history	
01.046	水土保持学	soil and water conservation	
01.047	园林学	landscape architecture	
01.048	木材学	wood science, wood technology	
01.049	森林利用学	forest utilization	
01.050	林业工程学	forest engineering	
01.051	木材加工学	wood processing	
01.052	林产化学加工学	chemical processing of forest products	
01.053	林业	forestry	
01.054	森林资源	forest resources	
01.055	森林覆盖率	forest coverage, percentage of forest cover	
01.056	森林效益	forest effect	
01.057	乡村林业	rural forestry	
01.058	城市林业	urban forestry	
01.059	粗放林业	extensive forestry	
01.060	集约林业	intensive forestry	
01.061	森林工业	forest industry	
01.062	森林经营	forest management	
01.063	林业政策	forest policy	
01.064	林业经济	forest economy	
01.065	林业法规	forestry regulation	

02. 造 林

序 码	汉 文 名	英 文 名	注 释
02.001	森林生态系统	forest ecosystem	
02.002	生物地理群落	biogeocoenosis	
02.003	农林复合生态系统	integral agroforestry ecosystem	
02.004	森林物质循环	mineral cycling in forest, material cycling in forest	
02.005	森林能量平衡	energy equilibrium in forest	
02.006	林分	stand	
02.007	林分组成	stand composition	
02.008	林龄	stand age	
02.009	林分起源	origin of stand	
02.010	林相	forest form	
02.011	林分密度	stand density	
02.012	郁闭度	crown density	
02.013	森林环境	forest environment	
02.014	立地	site	
02.015	立地类型	site type	
02.016	喜光树种	intolerant tree species	曾用名"阳性树种"。
02.017	耐荫树种	shade-tolerant tree species	
02.018	喜温树种	thermophilous tree species	
02.019	耐寒树种	winter hardy tree species	
02.020	旱生树种	xerophilous tree species	
02.021	湿生树种	hygrophilous tree species	
02.022	中生树种	mesophilous tree species	
02.023	森林气候	forest climate	
02.024	冻拔	frost heaving	
02.025	冻裂	frost cleft, frost cracking	
02.026	林冠层	forest canopy	
02.027	森林水文	forest hydrology	
02.028	树冠截留	crown interception	
02.029	干流	stemflow	
02.030	冠淋	crown wash	
02.031	透冠雨	throughfall	
02.032	淋失	leaching	
02.033	森林土壤	forest soil	

序 码	汉 文 名	英 文 名	注 释
02.034	枯枝落叶层	litter	
02.035	死地被物	forest floor	又称"林褥"。
02.036	森林腐殖质	forest humus	
02.037	粗腐殖质	raw humus, mor	
02.038	细腐殖质	mild humus, mull	
02.039	改良土壤树种	soil improving tree species	
02.040	化感作用	allelopathy	又称"异种克生"。
02.041	互惠共生	mutualistic symbiosis	
02.042	森林群落	forest community	
02.043	林型	forest type	
02.044	林分结构	stand structure	
02.045	复层混交林	stratified mixed stand	
02.046	主林层	main storey	
02.047	次林层	substorey	
02.048	乔木层	tree stratum	
02.049	下木层	undergrowth	
02.050	活地被物层	ground vegetation	
02.051	优势树种	dominant tree species	
02.052	亚优势树种	subdominant tree species	
02.053	伴生树种	associated tree species	
02.054	乡土树种	indigenous tree species, native tree species	
02.055	先锋树种	pioneer [tree species]	
02.056	地带性顶极	zonal climax, primary climax	
02.057	非地带性顶极	azonal climax	
02.058	森林线	forest line, forest limit	又称"森林界限"。
02.059	树木线	timber line	又称"树木界限"。
02.060	林木改良	forest tree improvement	
02.061	林木选择	selection of tree	
02.062	精选树	elite tree	
02.063	正号树	plus tree	
02.064	优树	superior tree	
02.065	优良林分	superior stand, superior plantation	
02.066	林木引种	introduction of exotic species	
02.067	树木育种	tree breeding	
02.068	母树林	seed production stand	
02.069	种子园	seed orchard	

序 码	汉 文 名	英 文 名	注 释
02.070	无性系种子园	clonal seed orchard	
02.071	实生苗种子园	seedling seed orchard	
02.072	去劣种子园	rogued seed orchard	
02.073	[种子]原产地	provenance, seed source	又称"种源"。
02.074	产地试验	provenance trial	又称"种源试验"。
02.075	局部分布区产地试验	limited range provenance trial	
02.076	全分布区产地试验	wide range provenance trial	
02.077	子代测定	progeny test	
02.078	无性系测定	clonal test	
02.079	优树采集区	clonal archive	
02.080	采穗圃	cutting orchard	
02.081	种子区	seed zone	
02.082	育种区	breeding zone	
02.083	造林	forestation	
02.084	人工更新	artificial reforestation	
02.085	[无林地]造林	afforestation	
02.086	四旁植树	four-side tree planting	指路旁、水旁、村旁、宅旁的植树。
02.087	林木种子	forest tree seed	
02.088	母树	seed tree	
02.089	采种	seed collection	
02.090	种实调制	seed processing	
02.091	种子贮藏	seed storage	
02.092	种子[层积]催芽	seed stratification	
02.093	种子检验	seed testing, seed quality examination	
02.094	种子证明书	seed certification	
02.095	森林苗圃	forest nursery	
02.096	固定苗圃	permanent nursery	
02.097	临时苗圃	temporary nursery	
02.098	苗木	nursery stock, planting stock	
02.099	播种苗	tree seedling	又称"实生苗"。
02.100	野生苗	wild[l]ing	
02.101	苗床	seedbed	
02.102	床作	bedding culture	

序 码	汉 文 名	英 文 名	注 释
02.103	垄作	ridge culture	
02.104	撒播	broadcast sowing	
02.105	条播	strip sowing, drill sowing	
02.106	带播	belt sowing	
02.107	点播	spot sowing	
02.108	覆盖	mulching	
02.109	上方遮荫	overhead shading	
02.110	侧方遮荫	side shading	
02.111	营养繁殖苗	planting stock [by vegetative propagation]	
02.112	移植苗	transplant	
02.113	裸根苗	bareroot seedling	
02.114	容器苗	container seedling	
02.115	苗木出圃	outplanting	
02.116	起苗	lifting [of seedlings]	
02.117	假植	heel in	
02.118	苗木贮藏	seedling storage	
02.119	苗木分级	seedling sorting	
02.120	苗木包装	seedling packing	
02.121	造林地	planting site, planted land	
02.122	宜林地	suitable land for forest	
02.123	造林区划	silvicultural regionalization	
02.124	立地评价	site evaluation	
02.125	立地分类	site classification	
02.126	造林调查设计	plantation survey and project	
02.127	树种选择	choice of tree species	
02.128	适地适树	matching species with the site	
02.129	造林密度	planting density	
02.130	种植点配置	spacing of planting spots, spacing of seeding spots	
02.131	行状配置	strip spacing	
02.132	群状配置	group spacing	
02.133	人工混交林	mixture plantation	
02.134	混交类型	type of mixture	
02.135	混交方法	pattern of mixture	
02.136	造林地整地	site preparation, soil preparation	
02.137	造林地清理	site preparation	

序 码	汉 文 名	英 文 名	注 释
02.138	整地方法	method of soil preparation	
02.139	全面整地	overall soil preparation	
02.140	局部整地	partial soil preparation	
02.141	带状整地	strip soil preparation	
02.142	块状整地	spot soil preparation	
02.143	造林方法	method of forestation	
02.144	播种造林	seeding, direct seeding	又称"直播造林"。
02.145	飞机播种	air seeding, aerial seeding	简称"飞播"。
02.146	植苗造林	tree planting	
02.147	分殖造林	planting [by vegetative propagation]	
02.148	插条造林	planting by cuttings	
02.149	埋条造林	planting by layerings	又称"埋干造林"。
02.150	分根造林	planting by rootcuttings	
02.151	分蘖造林	planting by tillers	
02.152	穴植法	hole planting	
02.153	缝植法	slit planting, planting in notches	
02.154	楔形栽植	wedge planting	
02.155	丛植	bunch planting	
02.156	带土栽植	ball planting	
02.157	植树锹	planting bar	
02.158	造林季节	planting season	
02.159	幼林抚育	tending [after young plantation]	
02.160	幼林检查	checking [of young plantation]	
02.161	造林成活率	survival rate	
02.162	造林保存率	survival rate [of plantation]	
02.163	补植	reinforcement planting	
02.164	抚育采伐	intermediate cutting	
02.165	透光伐	cleaning, release cutting	
02.166	疏伐	thinning	
02.167	卫生伐	sanitation cutting	
02.168	拯救伐	salvage cutting	
02.169	解放伐	liberation cutting	
02.170	自然分化	natural differentiation	
02.171	自然稀疏	self thinning	
02.172	林木分级	tree classification	
02.173	克拉夫特分级法	Kraft's tree classification	

序 码	汉 文 名	英 文 名	注 释
02.174	优势木	dominant tree	
02.175	亚优势木	codominant tree	
02.176	中等木	intermediate tree	
02.177	被压木	suppressed tree	
02.178	死亡木	dead tree	
02.179	下层疏伐	low thinning, thinning from below	
02.180	上层疏伐	crown thinning, thinning from above	
02.181	机械疏伐	mechanical thinning	
02.182	综合疏伐	combined method of thinning	
02.183	化学透光伐	chemical cleaning	
02.184	疏伐强度	thinning intensity	
02.185	林分密度控制图	stand density control diagram	
02.186	定量疏伐	quantitative thinning	
02.187	修枝	prunning	
02.188	修干枝	dry prunning	
02.189	修活枝	green prunning	
02.190	除蘖	tiller cutting	
02.191	垦复	improvement of stand condition	指深松土、压青、修枝、除蘖等综合抚育，主要用于经济林。
02.192	森林作业法	silvicultural system	
02.193	主伐	harvest cutting, final felling	
02.194	主伐方式	system of cutting	
02.195	皆伐	clear cutting	
02.196	大面积皆伐	large area clearcutting	
02.197	带状皆伐	clearcutting in strips	
02.198	小块状皆伐	clearcutting in patches	
02.199	渐伐	shelterwood cutting	曾用名"伞伐"。
02.200	预备伐	preparatory cutting	
02.201	下种伐	seed cutting	
02.202	受光伐	light cutting	
02.203	后伐	removal cutting	
02.204	均匀渐伐	uniform shelterwood cutting	
02.205	带状渐伐	strip-shelterwood cutting	
02.206	块状渐伐	group-shelterwood cutting	
02.207	择伐	selection cutting	

序 码	汉文名	英 文 名	注 释
02.208	经营择伐	management selection cutting, intensive selection cutting	
02.209	径级择伐	diameter limit selection cutting, extensive selection cutting	
02.210	群状择伐	group-selection cutting	
02.211	森林种子更新	forest regeneration from seeds	
02.212	森林无性更新	vegetative forest regeneration	
02.213	萌芽更新	regeneration from sprouts	
02.214	根蘖更新	regeneration from root suckers	
02.215	矮林作业	coppice method	
02.216	中林作业	coppice with standard method	
02.217	头木作业	pollard method	
02.218	伐前更新	prefelling regeneration	
02.219	人工促进更新	artificial measures promoting regeneration	
02.220	林分改造	stand improvement	
02.221	封山育林	closing the land for reforestation	

03. 森 林 保 护

序 码	汉文名	英 文 名	注 释
03.001	森林保护	forest protection	
03.002	生物防治	biological control	
03.003	化学防治	chemical control	
03.004	营林防治	silvicultural control	
03.005	综合防治	integrated control	
03.006	病虫害综合治理	integrated pest management	
03.007	树病学	tree-pathology	
03.008	枯梢病	die-back	
03.009	雪枯病	snow blight	
03.010	疱锈病	blister rust	
03.011	落针病	needle cast	
03.012	猝倒病	damping-off	又称"立枯病"。
03.013	瘤锈病	gall rust	
03.014	针叶锈病	needle rust	
03.015	球果锈病	cone rust	

序 码	汉文名	英 文 名	注 释
03.016	枝枯病	shoot blight	
03.017	肿枝病	swollen shoot	
03.018	丛枝病	witch's broom	
03.019	松材线虫	pine wood nematode	
03.020	榆树荷兰病	Dutch elm disease	
03.021	衰退病	decline disease	
03.022	桑寄生	parasite scurrula	
03.023	槲寄生	mistletoe	
03.024	矮槲寄生	dwarf mistletoe	
03.025	菟丝子	dodder	
03.026	节腐	knot rot	
03.027	一年生溃疡	annual canker	
03.028	多年生溃疡	perennial canker	
03.029	扩展性溃疡	diffuse canker	
03.030	环靶性溃疡	target canker	
03.031	日灼	sunscald	
03.032	哈迪网	Hartig net	
03.033	黑心材	black heart	
03.034	红心材	red heart	
03.035	带线	zone line	
03.036	干基腐	butt rot	
03.037	干部腐朽	stem rot	简称"干腐"。
03.038	根部腐朽	root rot	简称"根腐"。
03.039	立木腐朽	decay of living tree	
03.040	心材腐朽	heart rot	
03.041	边材腐朽	sap rot	
03.042	伐根腐朽	stump rot	
03.043	初期腐朽	incipient decay	
03.044	中期腐朽	intermediate decay	
03.045	后期腐朽	advanced decay	
03.046	白腐	white rot	
03.047	褐腐	brown rot	
03.048	蓝变	blue stain	又称"青变"。
03.049	红变	red stain	
03.050	褐变	brown stain	
03.051	木腐菌	wood decay fungi	
03.052	菌根	mycorrhizae	

序 码	汉文名	英 文 名	注 释
03.053	菌根真菌	mycorrhizal fungi	
03.054	外生菌根	ectomycorrhiza	
03.055	内生菌根	endomycorrhiza	
03.056	内外生菌根	ectendotrophic mycorrhiza	
03.057	森林昆虫	forest insect	
03.058	初期[性]害虫	primary insect	
03.059	次期[性]害虫	secondary insect	
03.060	食叶害虫	defoliator	
03.061	针叶树害虫	pests of coniferous trees	
03.062	阔叶树害虫	pests of broadleaf trees	
03.063	球蚜	gall aphid	
03.064	天牛	longhorn beetle	
03.065	天牛[幼虫]	roundheaded borer	
03.066	吉丁虫	flatheaded borer	
03.067	粉蠹	powder—pest beetle, dry wood beetle	
03.068	窃蠹	furniture beetle, drug store beetle	
03.069	小蠹	bark beetle	
03.070	筒蠹	timber beetle	
03.071	食菌小蠹	ambrosia beetle	
03.072	木蠹蛾	carpenter moth	
03.073	木蚁	carpenter ant	
03.074	木蜂	carpenter bee	
03.075	树蜂	horntail	
03.076	蒩树	brood tree	
03.077	小蠹坑道	gallery	
03.078	坑道系统	gallery pattern system	
03.079	蛀屑	bore dust	
03.080	蛀孔	bore hole, borer hole	
03.081	[小蠹]交配室	nuptial chamber	
03.082	子坑道	larvae gallery	
03.083	母坑道	mother gallery	
03.084	更新营养	regenerative nutrition	
03.085	补充营养	supplemental nutrition	
03.086	通气孔	ventilation hole	
03.087	菌圃	fungus garden	
03.088	刻槽	impression	

序 码	汉 文 名	英 文 名	注 释
03.089	白蚁	termite	
03.090	白蚁道	termite runway	
03.091	环阻法	banding	
03.092	诱树	trap tree	又称"饵木"。
03.093	松毛虫	pine caterpillars	
03.094	美国白蛾	American white moth	
03.095	竹蝗	bamboo locust	
03.096	松干蚧	Matsumura pine scale	
03.097	松突圆蚧	pine greedy scale	
03.098	五倍子虫	Chinese gall aphid	
03.099	白蜡虫	white wax insect, pe—la insect	
03.100	林火	forest fire	
03.101	林火预测预报	forest fire prognosis and predic—tion	
03.102	火险	fire danger	
03.103	火险期	fire danger season	
03.104	火险天气	fire danger weather	
03.105	火险天气预报	fire weather forecast	
03.106	火险区	fire danger division	
03.107	火险频度	fire frequency	
03.108	火险指标	fire danger index	
03.109	火险级	fire danger rating	
03.110	火险图	fire risk map	
03.111	特别危险地段	area of special risk	
03.112	林火探测	forest fire detection	
03.113	电视探火	television detection	
03.114	卫星探火	fire detection by satellite remote sensing	
03.115	自动雷电探测系统	lightning detection system	
03.116	林火预防	forest fire prevention	
03.117	最小损失防火理论	minimum—damage fire—control theory	使火灾损失控制在最低限度的防火概念。
03.118	航空护林	aerial forest fire protection	
03.119	林火巡护员	fire patrol	
03.120	机降灭火队	helitack crew	
03.121	防火区	fire district	

序 码	汉 文 名	英 文 名	注 释
03.122	防火站	fire control station	
03.123	瞭望塔	lookout tower	
03.124	防火沟	fire trench	
03.125	防火带	fire belt	
03.126	防火封禁季节	close[d] fire-season	
03.127	防火植物带	living fire break	
03.128	防火障	fire barrier	
03.129	林火通讯系统	forest fire communication system	
03.130	燃烧要素	component of combustion	
03.131	可燃物含水量	fuel moisture content	
03.132	可燃物类型	fuel type	
03.133	架空可燃物	aerial fuels	
03.134	细小可燃物	fine fuels	
03.135	燃烧系统	combustion system	
03.136	燃烧过程	combustion process	
03.137	燃烧阶段	combustion phases	
03.138	林火种类	kinds of forest fire	
03.139	地表火	surface fire	
03.140	树冠火	crown fire	
03.141	地下火	ground fire	
03.142	雷击火	lightning fire	
03.143	暴发性火	blow-out	
03.144	侧面火	flank fire	又称"火翼"。
03.145	飞火	spotting	
03.146	狂燃火	conflagration fire	
03.147	隐燃火	smouldering fire	
03.148	顺风火	head fire	
03.149	速行火	running fire	
03.150	迎面火	back fire	
03.151	火暴	fire storm	
03.152	丛林火	bush fire	
03.153	火蔓延	fire spread	
03.154	火头	fire head	
03.155	火尾	fire rear	
03.156	火缘	fire edge	
03.157	大火团	mass fire	
03.158	火旋风	fire whirl	

序 码	汉文名	英 文 名	注 释
03.159	火场型	burn pattern	
03.160	火生态	fire ecology	
03.161	林火破坏力	forest fire destructive power	
03.162	火势	fire behavior	又称"火行为"。指可燃物着火、蔓延、扩大呈现的状态。
03.163	火强度	fire intensity	
03.164	火烈度	fire severity	
03.165	林火等级	forest fire size class	
03.166	盛燃时期	burning period	
03.167	轻度火烧	light burn	
03.168	中度火烧	moderate burn	
03.169	熏黑高度	scorch height	
03.170	树冠烧焦	crown scorch	
03.171	火疤	fire scar	
03.172	活烧	live burning	
03.173	林火管理	forest fire management	
03.174	点状用火	spot burning	
03.175	全面用火	broadcast burning	
03.176	全烧	clean burn	
03.177	堆烧	pile burn	
03.178	规定火烧	prescribed burning	又称"计划火烧"。
03.179	带状烧除	strip burning	
03.180	扑火	fire suppression	
03.181	大火控制	large fire control	
03.182	包歼法	containning method	又称"封闭法"。
03.183	间接扑火	indirect fire suppression	
03.184	断氧灭火	smothering	
03.185	侧面扑火	flank fire suppression	
03.186	补烧	reburn	
03.187	化学灭火	inhibition	
03.188	阻燃剂	fire retardant	
03.189	火烧迹地	burned area	
03.190	清理火场	mopping up	
03.191	生物圈	biosphere	
03.192	生物圈保护区	biosphere reserve	
03.193	自然资源	natural resources	

序 码	汉文名	英 文 名	注 释
03.194	基因资源	genetic resources	
03.195	生物资源	living resources	
03.196	自然保护区	nature reserve	
03.197	原野保留区	wilderness	
03.198	野生动物	wildlife	
03.199	野生动物区系	wild fauna	
03.200	森林动物	forest animals	
03.201	野生动物管理	wildlife management	
03.202	有害野生动物	noxious wildlife	
03.203	野生动物保护区	wildlife refuge	
03.204	鸟类保护区	bird sanctuary	
03.205	水禽保护区	waterfowl refuge	
03.206	濒危种	theratened species, endangered species	
03.207	稀有种	rare species	
03.208	特有种	endemic species	
03.209	狩猎	hunting, game	
03.210	狩猎法	game law	
03.211	狩猎期	hunting season	
03.212	狩猎场	game area	
03.213	禁猎区	refuge, wildlife reserve	
03.214	狩猎证	hunting licence	
03.215	猎具	hunting tackles	
03.216	偷猎	poaching	
03.217	追捕猎	battue	
03.218	围猎	hunt units	
03.219	诱捕网	trap baiting net	
03.220	陷阱	trap	

04. 森 林 经 理

序 码	汉文名	英 文 名	注 释
04.001	森林调查	forest inventory	又称"森林清查"。
04.002	森林经理调查	forest management inventory	又称"二类调查"。
04.003	作业调查	forest operational inventory	又称"三类调查"。
04.004	线抽样	line sampling	

序码	汉文名	英文名	注释
04.005	点抽样	point sampling	
04.006	可变样地法	variable plot method	
04.007	角规常数	basal area factor	又称"断面积系数"。
04.008	固定样地	permanent sample plot	又称"固定标准地"。
04.009	临时样地	temporary sample plot	又称"临时标准地"。
04.010	总生长量	total increment	
04.011	定期生长量	periodic increment	
04.012	连年生长量	current annual increment	
04.013	平均年生长量	mean annual increment	
04.014	林分生长量	stand growth	
04.015	生长率	growth percentage	
04.016	生长函数	growth function	
04.017	双因素法	two-factor method, two-way method	
04.018	进界生长	ingrowth	
04.019	形质生长	quality increment	
04.020	价格生长	price increment	又称"腾贵生长"。
04.021	生长模型	growth model	
04.022	枯损模型	mortality model	
04.023	森林抽样调查	forest inventory by using sampling method	
04.024	森林资源连续清查	continuous forest inventory	
04.025	3p 抽样	sampling with probability proportional to prediction, 3p sampling	
04.026	森林航空调查	forest aerial survey	
04.027	[树]干形[状]	stem form	
04.028	干曲线	stem curve	
04.029	形状指数	form exponent	
04.030	牛顿求积式	Newton's formula	
04.031	里克求积式	Riecker's formula	
04.032	胡伯尔求积式	Huber's formula	又称"中央断面积求积式"。
04.033	西马林求积式	Simalian's formula	又称"平均断面积求积式"。
04.034	区分求积	sectional measurement	
04.035	胸[高直]径	diameter at breast height, DBH	

序 码	汉 文 名	英 文 名	注 释
04.036	带皮直径	diameter outside bark, DOB	
04.037	去皮直径	diameter inside bark, DIB	
04.038	小头直径	top diameter	
04.039	中央直径	mid-diameter	
04.040	径阶	diameter grade, diameter class	又称"径级"。
04.041	直径整化范围	diameter rounding	又称"直径括约数"。
04.042	胸高断面积	basal area, cross-sectional area at breast height	
04.043	树干材积	stem volume	
04.044	带皮材积	volume outside bark	
04.045	去皮材积	volume inside bark	
04.046	原木材积	log volume	
04.047	枝条材积	branch volume, shoot volume	
04.048	树皮率	percent of bark	
04.049	梢头木	topwood	
04.050	实积	solid content	
04.051	层积	stacked volume	
04.052	形数	form factor	
04.053	胸高形数	artificial form factor, breast height form factor	
04.054	正形数	normal form factor	又称"标准形数"。
04.055	实验形数	experimental form factor	
04.056	形率	form quotient	
04.057	胸高形率	artificial form quotient, breast height form quotient	
04.058	正形率	normal form quotient	
04.059	绝对形率	absolute form quotient	
04.060	形高	form height	
04.061	望点	Pressler reference point	
04.062	削度表	taper table	
04.063	望高法	Pressler method	
04.064	立木	standing tree	
04.065	立木蓄积[量]	growing stock	
04.066	林分调查因子	stand description factors	
04.067	样地法	sample plot method	又称"标准地法"。
04.068	每木调查	tally	又称"每木检尺"。
04.069	林分表	stand table	

序 码	汉 文 名	英 文 名	注 释
04.070	直径分布	diameter distribution	
04.071	枯立木	snag, dead standing tree	又称"站杆"。
04.072	倒木	blow-down, dead-and-down	
04.073	标准木	sample tree	又称"样木"。
04.074	平均木	average tree	又称"中央木"。
04.075	平均标准木法	method of mean sample tree, mean tree method	
04.076	分级标准木法	class mean sample tree method	
04.077	树高	tree height	
04.078	树高曲线	height curve, diameter-height curve	
04.079	优势木高度	dominant height	
04.080	树冠竞争因子	crown competition factor	
04.081	林分密度指数	stand density index	
04.082	立木度	stocking percent	
04.083	完满立木度	fully stocked, fully stocking percent	
04.084	树干解析	stem analysis	
04.085	伪年轮	false ring	
04.086	生长锥	increment borer	
04.087	轮尺	caliper, diameter-gauge	
04.088	围尺	diameter tape	又称"直径卷尺"。
04.089	测高器	hypsometer	
04.090	测树器	dendrometer	
04.091	测皮器	bark gauge	
04.092	望远速测镜	tele-relascope	
04.093	速测镜	relascope	
04.094	角规	angle gauge	
04.095	棱镜角规	prism, optical wedge	又称"光楔"。
04.096	收获表	yield table	又称"生长过程表"。
04.097	标准收获表	normal yield table	
04.098	地区收获表	local yield table	
04.099	经验收获表	empirical yield table	又称"现实收获表"。
04.100	实际收获表	actual yield table	
04.101	可变密度收获表	variable density yield table	
04.102	货币收获表	money yield table	
04.103	林分收获模型	stand yield model	

序 码	汉 文 名	英 文 名	注 释
04.104	收获预测	yield forecast, yield prediction	
04.105	主伐年龄	cutting rotation age, cutting age	又称"伐期龄"。
04.106	轮伐期	rotation, regulatory rotation age	
04.107	更新期	regeneration period	
04.108	调整期	regulation period, regulatory period	
04.109	择伐周期	cutting cycle, cutting interval	又称"回归年"。
04.110	收获调整法	method of yield regulation	
04.111	标准采伐量	standard cut	
04.112	初始采伐量	initial harvest	
04.113	容许采伐量	allowable cut	
04.114	年伐量	annual cut, annual yield	
04.115	年伐面积	annual coupe, annual cutting area	
04.116	蓄积控制法	volume control method, volume regulation method	又称"材积控制法"。
04.117	面积控制法	area control method, area regula-tion method	
04.118	区划轮伐法	division into annual coupes	
04.119	蓄积配分法	volume-alloting method	又称"材积配分法"。
04.120	法正蓄积法	method of regulating yield [by comparing actual with normal crops]	又称"数式法"。
04.121	利用率法	utilization percent method, rational method	曾用名"学理法"。
04.122	较差法	difference method	
04.123	修正系数法	correction factor method	
04.124	数式平分法	formula method of periods by area and volume combined	
04.125	汉兹利克公式	Hanzlik's formula	
04.126	龄级法	age class method	
04.127	平分法	frame work method, allotment methods	又称"分期法"。
04.128	面积平分法	area frame work, area period method	
04.129	蓄积平分法	volume frame work	又称"材积平分法"。
04.130	折衷平分法	combined frame work, area and volume period method	

序码	汉文名	英文名	注释
04.131	价值平分法	value frame work	
04.132	林分经营法	management by compartment	又称"林分经济法"。
04.133	立木材积表	tree volume table	
04.134	塔里夫材积表	Tarif table	塔里夫材积表与一元材积表近似，Tarif源于阿拉伯语，最初应用于检查法。
04.135	一元材积表	local volume table, one way volume table	又称"地方材积表"。
04.136	二元材积表	standard volume table, general volume table	
04.137	树高级立木材积表	height class volume table	
04.138	三元材积表	three—way volume table	
04.139	原木材积表	log volume table	
04.140	斯克里布纳原木板积表	Scribner log rule	
04.141	多伊尔原木板积表	Doyle log rule	
04.142	国际原木板积表	international log rule	
04.143	板英尺原木板积表	board—foot log rule	
04.144	原条材积表	tree—length volume table	
04.145	航空材积表	aerial volume table	
04.146	[经济材]出材量	merchantable volume	
04.147	林分出材率	outturn of stand	
04.148	出材量表	timber assortment table	
04.149	林业局总体设计	overall project of forest enterprises	
04.150	生长量法	growth method	
04.151	国有林	national forest	
04.152	国有林区	national forest area	
04.153	国营林场	state owned forest farm	
04.154	集体林	collectively owned forest	
04.155	林业计划体系	forestry planning system	
04.156	森林经理规程	forest management rules	
04.157	检查法	method of control, control method, check method,	又称"稽核法"。

序 码	汉 文 名	英 文 名	注 释
		examination method	
04.158	小班经营法	subcompartment management method	又称"小班经理法"。
04.159	林况公式	formula of forest condition	
04.160	补充主伐	supplemental final cut, relogging	
04.161	采伐计划	cutting plan	
04.162	采伐单元	cutting unit	
04.163	容许采伐单位	allowable cutting unit	
04.164	龄级比例轮伐面积	proportionate area by age class	
04.165	期初蓄积	initial volume	
04.166	经济蓄积	economic volume	
04.167	现实林	real forest, actual forest	
04.168	过伐	over cut, excessive felling	
04.169	林业局	forest enterprise	指企业局。
04.170	林场	forest farm	
04.171	施业区	working unit, working circle	
04.172	营林区	forest range	又称"作业区"。
04.173	采伐列区	cutting series, felling series	
04.174	森林区划	forest division	
04.175	自然区划法	natural division method	
04.176	人工区划法	artificial division method	
04.177	综合区划法	combined division method, intergrated division method	
04.178	林班	compartment	
04.179	小班	subcompartment	
04.180	细班	subplot	
04.181	小班调查	in-place inventory, subcompartment investigation	
04.182	林况调查	stand description	
04.183	林副产品	forest by-product	
04.184	地况调查	description of locality	
04.185	林[业用]地	forestry land	与非林地相对应。
04.186	有林地	forest land	
04.187	灌木林地	shrub land	
04.188	疏林地	open forest land	
04.189	无林地	non-stocked land	

序 码	汉 文 名	英 文 名	注 释
04.190	采伐迹地	cutting blank, cut-over area	
04.191	林中空地	clearing	
04.192	荒地	waste land, wild land	
04.193	非林地	non-forestry land	指林区内非林业用地。
04.194	放牧地	pasture range	
04.195	森林可及度	accessibility of forest	
04.196	森林永续利用	sustained yield of forest	又称"森林永续收获"。
04.197	法正林	normal forest, balanced forest	
04.198	法正龄级分配	normal age-class distribution, normal age-class arrangement	
04.199	法正林分排列	normal distribution of stand	
04.200	法正生长量	normal increment	
04.201	法正蓄积量	normal growing stock	
04.202	法正收获量	normal yield	又称"法正年伐量"。
04.203	广义法正林	generalized normal forest	又称"一般法正林"。
04.204	林龄向量	age-class vector	
04.205	林龄转移概率	age-class-transition probability	
04.206	森林转移稳定性	forest transition stability	
04.207	林龄空间	age-class space	
04.208	减反率法	Gentan probability method	
04.209	林分更新方程	stand renewal equation	
04.210	恒续林	continuous forest	
04.211	完全调整林	fully regulated forest	
04.212	目标林	objective forest	
04.213	隔年作业	intermittent working	
04.214	连年作业	annual working, current yield system	
04.215	龄级	age class	
04.216	龄阶	age gradation	
04.217	龄组	age group	
04.218	枯损量	mortality	
04.219	地位级	site class	
04.220	地位指数	site index	又称"立地指数"。
04.221	林分质量	stand quality	又称"林位"。
04.222	经营类型	working group, working section,	又称"作业级"。

序 码	汉 文 名	英 文 名	注 释
		management class	
04.223	森林成熟	forest maturity	
04.224	数量成熟	quantitative maturity	
04.225	主林木数量成熟	quantitative maturity of principal tree	
04.226	工艺成熟	technical maturity	又称"利用成熟"。
04.227	自然成熟	physical maturity	又称"生理成熟"。
04.228	更新成熟	regeneration maturity	
04.229	防护成熟	protection maturity	
04.230	纯收益最大成熟	maturity of the highest income, maturity of maximum forest net income	
04.231	土地期望价	land expectation value	
04.232	理财成熟	financial maturity	又称"财政成熟"。
04.233	经济成熟	economical maturity	
04.234	森林期望价	expectation value of forest	
04.235	劳动生产率最高成熟	maturity of largest labor productivity	
04.236	指率	indicating percent	
04.237	经理期	working plan period	又称"施业期"。
04.238	龄级期	age-class period	
04.239	龄级表	age-class table	
04.240	幼龄林	young growth	
04.241	中龄林	half-mature forest	
04.242	近熟林	near-mature forest	
04.243	成熟林	mature forest	
04.244	过熟林	overmature forest	
04.245	森林评价	forest valuation	曾用名"林价算法"。
04.246	林价	stumpage price, forest value	又称"立木价"。
04.247	森林较利学	forest statics	
04.248	伐期收入	final income	又称"主伐收入"。
04.249	森林经营方案	forest working plan, forest management plan	又称"森林施业案"。
04.250	森林经理复查	revision of working plan, revision of forest management plan	又称"森林经营方案的修订"。
04.251	小复查	intermediate revision	
04.252	森林资源信息系	forest resource information system	

序 码	汉文名	英 文 名	注 释
	统		
04.253	林木信息	tree information	
04.254	林分信息	stand information	
04.255	期中数据更新	midcycle data updating	
04.256	模拟[森林]调查数据更新	simulated inventory data updating	
04.257	林木清单文件	tree list file	
04.258	森林资源数据库	forest resource data base	
04.259	林木生长预测系统	tree growth projection system	
04.260	森林收获模拟模型	forest harvesting simulation model	
04.261	森林资源评价系统	forest resources evaluation system	
04.262	树种代码	species code	
04.263	森林资源档案	forest resource archives, forest resource record	
04.264	林场经营档案	management archives of forest farm	
04.265	森林成图	forest mapping	
04.266	森林资源代码	forest resource code	
04.267	林相图	stock map, stand map	
04.268	森林分布图	forest map	

05. 水 土 保 持

序 码	汉文名	英 文 名	注 释
05.001	水土流失	soil and water losses	在水力、风力、重力的作用下,山丘及风沙区水土资源和土地生产力的破坏和损失。它包括土地表层侵蚀及水的损失。
05.002	土壤保持	soil conservation	
05.003	土壤侵蚀	soil erosion	
05.004	水损失	water loss	

序码	汉文名	英文名	注释
05.005	古代侵蚀	ancient erosion	
05.006	现代侵蚀	recent erosion	
05.007	自然侵蚀	natural erosion	
05.008	人为侵蚀	anthropogenic erosion	
05.009	常态侵蚀	normal erosion	
05.010	加速侵蚀	accelerated erosion	
05.011	水蚀	water erosion	
05.012	面蚀	surface erosion	
05.013	溅蚀	splash erosion	
05.014	片蚀	sheet erosion	
05.015	细沟侵蚀	rill erosion	
05.016	切沟侵蚀	gully erosion	
05.017	溯源侵蚀	headward erosion	
05.018	纵向侵蚀	longitudinal erosion	
05.019	侧向侵蚀	lateral erosion	
05.020	线状侵蚀	linear erosion	
05.021	降雨侵蚀	rainfall erosion	
05.022	荒溪侵蚀	torrent erosion	
05.023	山洪侵蚀	torrential flood erosion	
05.024	泥石流侵蚀	debris flow erosion	
05.025	泥流	mudflow	
05.026	淋洗侵蚀	leaching erosion	
05.027	重力侵蚀	gravitational erosion	
05.028	跌水侵蚀	waterfall erosion	
05.029	陷穴侵蚀	sinking hole erosion	
05.030	崩塌	collapse	
05.031	滑坡	landslide, slip	
05.032	土崩	earth fall	
05.033	泻溜	earth debris flow	
05.034	剥蚀	denudation	
05.035	崩岗	collapsing hill	
05.036	泥石流	debris flow	
05.037	鳞片状侵蚀	squamose erosion	
05.038	河岸侵蚀	bank erosion	
05.039	土壤养分流失	loss of soil nutrient	
05.040	融雪侵蚀	snow melt erosion	
05.041	冻融侵蚀	freeze—thaw erosion	

序　码	汉 文 名	英 文 名	注　释
05.042	岩石侵蚀	rocky erosion	
05.043	水蚀程度	degree of water erosion	
05.044	水蚀强度	intensity of water erosion	
05.045	侵蚀模数	erosion modulus	
05.046	重力侵蚀分级	classification of gravitational erosion	
05.047	侵蚀基准面	erosion basis	
05.048	允许土壤流失量	soil loss tolerance	
05.049	干旱	drought	
05.050	干旱程度	degree of drought	
05.051	径流系数	runoff coefficient	
05.052	悬移质	suspended load	
05.053	推移质	bed load	
05.054	输沙量	sediment discharge	
05.055	泥沙输移比	sediment delivery ratio, SDR	
05.056	通用土壤流失方程式	universal soil loss equation, USLE	
05.057	沟壑密度	gully density	
05.058	土壤抗冲性	soil anti-scouribility	
05.059	土壤抗蚀性	soil anti-erodibility	
05.060	土壤流失量	soil loss amount	
05.061	国土整治	land reclamation	
05.062	水土保持工作条例	Act of soil and water conservation	
05.063	水资源	water resource	
05.064	土地资源	land resource	
05.065	水土保持效益	soil and water conservation benefit	
05.066	水土保持区划	soil and water conservation regionalization	
05.067	水土保持规划	soil and water conservation planning	
05.068	土壤侵蚀类型	soil erosion type	
05.069	流域管理	watershed management	
05.070	小流域综合治理	small watershed management	
05.071	荒溪治理	torrent control	
05.072	水土保持措施	soil and water conservation	

序 码	汉 文 名	英 文 名	注 释
		measures	
05.073	水土保持耕作措施	soil and water conservation tillage measures	
05.074	鱼鳞坑	fish scale pit	
05.075	水平阶	level bench	
05.076	水平沟	horizontal ditch, level trench	
05.077	等高耕作	contour tillage	
05.078	带状耕作	strip cropping	
05.079	沟垄耕作	furrow and ridge tillage	
05.080	抗旱保墒耕作	storing water tillage	
05.081	草田轮作	rotation of crops and grass	
05.082	等高草带	contour sod strip	
05.083	免耕法	no tillage	
05.084	深耕法	deep ploughing	
05.085	水土保持林草措施	forest-grass measures for soil and water conservation	
05.086	风蚀	wind erosion	
05.087	荒漠化	desertification	
05.088	新月形沙丘	barchane	
05.089	沙漠	desert	
05.090	流沙	shifting sand	
05.091	半固定沙丘	semifixed dune	
05.092	固定沙丘	fixed dune	
05.093	风蚀程度	degree of wind erosion	
05.094	风蚀强度	intensity of wind erosion	
05.095	沙漠化	desertization	
05.096	沙丘	dune	
05.097	沙丘链	chain of sand dunes	
05.098	格状沙丘	latticed dune	
05.099	戈壁	gobi	
05.100	绿洲	oasis	
05.101	流动沙丘	active dune	
05.102	沙障	checkerboard protection	
05.103	防护林体系	protection forest system	
05.104	"三北"防护林	"Three North" protection forest	指我国东北西部、华北、西北地区的防护林体系。

序　码	汉文名	英　文　名	注　释
05.105	水土保持林	soil and water conservation forest	
05.106	沿海防护林	coast protection forest	
05.107	农田防护林	farmland shelter−belt	
05.108	固沙造林	dune fixation afforestation	
05.109	道路防护林	road protection forest	
05.110	水源涵养林	water conservation forest	
05.111	护岸林	stream bank protection forest	
05.112	山坡防护林	slope protection forest	
05.113	沟道防护林	gully erosion control forest	
05.114	梯田埂造林	terrace ridge afforestation	
05.115	水库防护林	reservoir protection forest	
05.116	护牧林	pasture protection forest	
05.117	林地土壤改良	forest land amelioration	
05.118	森林改良土壤	amelioration with protection forest	
05.119	水土保持工程学	soil and water conservation engineering	
05.120	山坡水土保持工程	technical measures of soil and water conservation on slope	
05.121	梯田	terrace	
05.122	水平梯田	bench terrace	
05.123	坡式梯田	sloping terrace	又称"宽埂梯田"。
05.124	软埝	broad−base terrace	
05.125	隔坡梯田	alternation of slope and terrace	
05.126	山坡截流沟	drainage ditch on slope	
05.127	水窖	water cellar	
05.128	涝池	pond	
05.129	沟头防护	gully head protection	
05.130	拦水沟埂	retaining ditch and embankment	
05.131	谷坊	check dam	
05.132	柳谷坊	willow pile check dam	
05.133	干砌石谷坊	mortarless stone check dam	
05.134	浆砌石谷坊	mortar stone check dam	
05.135	草皮泄水道	grass waterway	
05.136	拦沙坝	sediment storage dam	
05.137	格栅坝	horizontal grilled dam	
05.138	孔口拦沙坝	sediment storage dam with hole	

序 码	汉 文 名	英 文 名	注 释
05.139	淤地坝	silt storage dam for farmland building, warp land dam	
05.140	山洪排导工程	torrential flood drainage works	
05.141	引洪漫地	irrigation with torrential flood	
05.142	引水拉沙	diverting water for sluicing sand	
05.143	缝隙坝	slit dam	

06. 园 林

序 码	汉 文 名	英 文 名	注 释
06.001	园林	park and garden	
06.002	园林规划	park and garden planning	
06.003	园林设计	park and garden design	
06.004	园林艺术	garden art	
06.005	园林建设	park and garden construction	
06.006	园林工程	landscape engineering	
06.007	园林建筑	garden structure	
06.008	风景规划	landscape planning	
06.009	风景设计	landscape design	
06.010	造园	garden making	
06.011	绿化	greening	
06.012	绿地	green area, green space	
06.013	城市绿地系统规划	urban green system planning	
06.014	总体规划图	master plan, general plan	
06.015	风景区	scenic area	
06.016	自然公园	natural park	
06.017	国家天然公园	national park	
06.018	森林游乐	forest recreation	
06.019	森林公园	forest park	
06.020	环境绿化	environmental greening	
06.021	古典园林	classical garden	
06.022	古代园林	ancient garden, historical garden	又称"历史园林"。
06.023	现代园林	modern garden	
06.024	风景点	scenic spot	
06.025	名胜	famous site, tourist interest	

序码	汉文名	英文名	注释
06.026	古迹	historic site, historic relic	
06.027	天然纪念物	natural monument	
06.028	山水园	mountain and water garden	
06.029	别墅	villa	
06.030	园林坛庙	altar and monastery garden	
06.031	专用绿地	exclusive green space	
06.032	公园	public park	
06.033	花园	garden	
06.034	区公园	district park	
06.035	街坊花园	neighbourhood garden	
06.036	街道花园	street garden	
06.037	综合公园	comprehensive park	
06.038	文化公园	cultural park	
06.039	体育公园	sports park	
06.040	游乐场	amusement ground, pleasure ground	
06.041	儿童公园	children park	
06.042	儿童游戏场	children's playground	又称"儿童乐园"。
06.043	纪念公园	memorial park	
06.044	植物园	botanical garden	
06.045	树木园	arboretum	
06.046	动物园	zoo	
06.047	休憩区	recreation area	
06.048	居住区公园	residential district park	
06.049	居住小区花园	community park	
06.050	居住区绿地	residential district green area	
06.051	墓园	cemetery	
06.052	街道绿化	street planting	
06.053	街道绿地	street green area	
06.054	行道树	street tree	
06.055	墙园	wall garden	
06.056	岩石园	rock garden	又称"岩生植物园"。
06.057	屋顶花园	roof top garden	
06.058	中庭庭园	patio	
06.059	沉园	sunken garden	又称"凹园"。
06.060	架空园	hanging garden	又称"悬园"。
06.061	台地园	terrace garden	

序 码	汉 文 名	英 文 名	注 释
06.062	宅园	home garden	
06.063	室内花园	indoor garden, house garden	
06.064	盆景	penjing, miniature landscape, bonsai	
06.065	规则式	formal style, regular style	
06.066	不规则式	informal style, irregular style	
06.067	基础种植	foundation planting	
06.068	草坪	lawn	
06.069	草地	turf	
06.070	庇荫树	shade tree	
06.071	植篱	hedge	
06.072	果篱	fruit hedge	
06.073	花篱	flower hedge	
06.074	整形修剪树	clipped tree	
06.075	树木造型	topiary	又称"绿雕塑"。
06.076	树木造型艺术	topiary art	
06.077	篱架式整枝	espalier	
06.078	观果树木	ornamental fruit trees and shrubs	
06.079	花坛	flower bed	
06.080	毛毡花坛	carpet bed	
06.081	花境	flower border	
06.082	树丛	grove	
06.083	防护带	protective belt	
06.084	下木栽植	underplanting	
06.085	观赏树木	ornamental trees and shrubs	
06.086	攀缘植物	climbing plant, twining plant	
06.087	外来植物	exotic plant	
06.088	室内植物	house plant, indoor plant	
06.089	高山植物	alpine plant	
06.090	气生植物	aerial plant	
06.091	肉食植物	carnivorus plant	
06.092	附生植物	epiphyte	
06.093	水生植物	aquatic plant	
06.094	岩生植物	rock plant	
06.095	地被植物	ground cover plant	
06.096	草坪植物	lawn plant	
06.097	详细设计	design in detail	

序 码	汉 文 名	英 文 名	注 释
06.098	地形设计	topographical design	
06.099	种植设计	planting design	
06.100	绿地覆盖率	green cover percentage	
06.101	铺地设计	paving design	
06.102	立面图	elevation	
06.103	侧面图	side view	
06.104	断面图	cross section	
06.105	鸟瞰图	bird's-eye view	
06.106	天际线	skyline	
06.107	树木修补	tree surgery	
06.108	更新修剪	renewal pruning	
06.109	疏剪	thinning out	
06.110	抹头	heading back	
06.111	剪草坪	mowing	
06.112	铺草皮	turfing	
06.113	地形改造	topography reform	
06.114	土方工程	earth work	
06.115	筑山	hill making	
06.116	石假山	rockery	
06.117	假山	artificial hill	
06.118	置石	rock layout	
06.119	步石	stepping stone	
06.120	喷泉	fountain	
06.121	亭	pavilion	
06.122	廊	gallery	
06.123	台榭	terraced building	
06.124	台	terrace	
06.125	楼	storied building	
06.126	阁	loft	
06.127	塔	pagoda	
06.128	月洞门	moon gate	
06.129	漏窗	leaking window	
06.130	花棚架	pergola	
06.131	花格子架	trellis	
06.132	展览温室	conservatory	
06.133	拱桥	arch bridge	
06.134	云墙	wave-topped wall	

序 码	汉文名	英 文 名	注 释
06.135	匾额	inscribed tablet	
06.136	楹联	couplet on pillar	
06.137	面层	covering, surface layer	
06.138	瀑布	water fall	
06.139	溪	stream	
06.140	地下灌溉	sub—irrigation	又称"心土灌溉"。
06.141	路牙	curbstone	又称"沿石"。
06.142	跌水	cascade	
06.143	园林养护	park maintenance	
06.144	种植计划	planting plan	
06.145	公园管理	park management	

07. 林 业 工 程

序 码	汉文名	英 文 名	注 释
07.001	森林采运	logging	
07.002	森林采运工程	logging engineering, forest engineering	
07.003	森林开发	forest exploitation	
07.004	木材生产	timber production	
07.005	森林采伐	forest harvesting	
07.006	伐区	cutting area	
07.007	采伐顺序	cutting sequence	
07.008	采伐带	cutting strip	
07.009	采伐季节	felling season	
07.010	采伐许可证	felling licence	
07.011	采伐限额	cutting limit, cutting quota	
07.012	采伐作业	logging operation	
07.013	原木	log	
07.014	原条	tree—length, stem—length	
07.015	伐倒木	felled tree	
07.016	伐木	felling	
07.017	伐木场	logging headquarter, logging camp	
07.018	伐根	stump	
07.019	伐根高	stump height	
07.020	伐木斧	felling axe	

序 码	汉 文 名	英 文 名	注 释
07.021	伐木锯	felling saw	
07.022	夹锯	binding, pinching	
07.023	上[锯]口	felling cut	俗称"上楂"。
07.024	下[锯]口	undercut	俗称"下楂"。
07.025	留弦	holding wood, leave	
07.026	挂耳	side notching	
07.027	抽心	splinter pulling	
07.028	搭挂树	lodged tree, hang–up tree	
07.029	打枝	trimming, branching	
07.030	造材	bucking, slashing	
07.031	造材台	bucking deck	
07.032	量尺	measuring for bucking	
07.033	造材率	bucking percent, bucking recovery	
07.034	后备长度	bucking allowance	
07.035	截梢	topping	
07.036	采伐剩余物	logging slash	
07.037	采伐迹地清理	slash disposal	
07.038	集材	skidding, yarding	
07.039	归堆	bunching	
07.040	串坡	ground sliding, ball hooting	
07.041	人力集材	manual skidding	
07.042	畜力集材	animal skidding	
07.043	[集材]撬	logging sledge, sled	俗称"[集材]爬犁"。
07.044	滑道集材	chuting	
07.045	滑道	chute, slide	
07.046	土滑道	dirt chute	
07.047	木滑道	timber chute	
07.048	水滑道	wet chute, flume	
07.049	冰雪滑道	snow chute	
07.050	竹滑道	bamboo chute	
07.051	绞盘机集材	high lead yarding	
07.052	拖拉机集材	tractor skidding	
07.053	集材道	skidding road, skidding trail	
07.054	捆木索	chocker	
07.055	[架空]索道集材	skyline yarding, suspended cable yarding	
07.056	[架空]索道	skyline, cableway	

序码	汉文名	英文名	注释
07.057	跑车	carriage	
07.058	鞍座	saddle set, intermediate support	
07.059	索系	cable system	
07.060	承载索	skyline	
07.061	牵引索	haul line, main line	
07.062	回空索	haulback line	
07.063	绷索	guy line	
07.064	集材杆	spar	
07.065	索具	rigging	
07.066	握索器	clip, clamp	
07.067	循环式动力索道	endless cable system	
07.068	无动力索道	gravity skyline system	
07.069	松紧式索道	slack line system	
07.070	运行式索道	running skyline system	
07.071	增力式索道	add-forced cable system, tyler system	
07.072	气球集材	balloon logging	
07.073	直升机集材	helicopter logging	
07.074	原木集材	log-length logging, short wood logging	
07.075	原条集材	tree-length logging	
07.076	伐倒木集材	whole tree logging	
07.077	集材场	upper landing, forest depot	又称"山上楞场"。
07.078	装车场	landing	
07.079	运材	log transportation	
07.080	木材陆运	log land transportation	
07.081	林道	forest road	
07.082	林道网	forest road network	
07.083	林道密度	forest road density	
07.084	运材干线	main road, truck line	
07.085	运材支线	minor road, branch road	
07.086	运材岔线	spur road	
07.087	森铁运材	forest railroad transportation	
07.088	森林铁路	forest railroad	
07.089	缆车道	cable-railroad	
07.090	汽车运材	log transportation by truck, truck hauling	

序码	汉文名	英文名	注释
07.091	汽车列车运材	truck-trailer log hauling	
07.092	林区公路	forest highway	
07.093	木板道	plank road, fore-and-aft road	
07.094	冻板道	frozen road	
07.095	[架空]索道运材	cableway hauling	
07.096	中间楞场	intermediate landing	
07.097	推河	dumping, watering, launching	
07.098	推河楞场	launching site	
07.099	木材水运	log transportation by water	
07.100	单漂流送	river driving, floating	俗称"赶羊流送"。
07.101	诱导漂子	glancing boom, side boom	
07.102	拦木架	catching trestle	
07.103	收漂工程	booming engineering	
07.104	河缆	boom	
07.105	横河缆	transverse boom	
07.106	顺河缆	longitudinal boom	
07.107	沉木	deadhead, sweep wood	
07.108	[流送]河道整治	floating channel realignment	
07.109	水上作业场	boomage	
07.110	编排	rafting, booming	
07.111	合排	joining rafts	
07.112	改排	rerafting	
07.113	排节	raft section	
07.114	海排	ocean-going raft	
07.115	木排	raft	
07.116	竹排	bamboo raft	
07.117	排捆	raft bundle	
07.118	排运	rafting	俗称"放排"。
07.119	木捆排运	bundle rafting	
07.120	木材过坝	transfer logs over dam	
07.121	水筏道	rafting channel	
07.122	木材船运	wood barging	
07.123	贮木场	log yard	
07.124	贮木场年吞吐量	annual input and output of log yard	
07.125	贮木场库存量	inventory of log yard	
07.126	楞区	log pile area, stacking area	

序码	汉文名	英文名	注释
07.127	木材贮存	log storage	
07.128	贮木池	log pond, mill pond	
07.129	木材出河	dewatering, hauling up logs from water	
07.130	木材卸车	timber unloading	
07.131	卸车台	unloading deck	
07.132	原条捆	tree-length bundle	
07.133	原木捆	log bundle	
07.134	选材	log sorting	
07.135	选材台	sorting deck	
07.136	木材归楞	piling, stacking, banking	
07.137	楞堆	log pile, log stack	
07.138	实楞	solid pile, close pile	
07.139	层楞	open pile, layered pile	
07.140	格楞	package pile	
07.141	交叉楞	cross pile	
07.142	木材保管	log preservation and management, wood protection in storag	
07.143	木材装车	log loading	
07.144	起脊装车法	ridging loading method	
07.145	无车立柱装车法	loading without car stake	
07.146	木材调拨	log allotment	又称"木材支拨"。
07.147	木材市场	timber market	
07.148	木材贸易	timber trade	
07.149	木材检尺	log scaling	
07.150	木材标准	timber standard, log standard	
07.151	检尺径	diameter class	
07.152	检尺长	length class	又称"长级"。
07.153	木材等级	log grade	
07.154	号印	log mark	
07.155	号锤	marking hammer	
07.156	材种	log assortment, log type	
07.157	商品材	merchantable log	
07.158	等外材	cull	
07.159	小径木	undersized log, small wood	
07.160	锯材原木	saw log	
07.161	车辆材	timber for vehicle	

序 码	汉 文 名	英 文 名	注 释
07.162	胶合板材	peeler log, veneer bolt	
07.163	造船材	ship-building timber	
07.164	造纸材	pulpwood	又称"纸浆材"。
07.165	枕木	log for rail-road tie	
07.166	坑木	pit prop, mine timber	
07.167	脚手杆	scaffold	
07.168	檩椽材	purlin and rafter	
07.169	电杆	telegraph pole	
07.170	桩木	pile timber	
07.171	桅杆材	mast timber	
07.172	薪材	fuel wood	又称"烧材"。
07.173	林业机械	forestry machinery	
07.174	营林机械	silviculture machinery	
07.175	营林机械化	silviculture mechanization	
07.176	营林机械系统	silviculture machine system	
07.177	种子采集处理机械	seed harvesting and processing machinery	简称"种子机械"。
07.178	球果采摘机	cone picking machine	
07.179	球果采集机	cone harvesting machine	
07.180	振动采种机	tree shaker	
07.181	球果干燥机	cone kiln	
07.182	球果破碎机	cone breaker	
07.183	去翅机	dewinger	
07.184	球果脱粒机	seed extractor	
07.185	种子清选机	seed cleaner	
07.186	种子干燥机	seed drying machine	
07.187	种子包衣机	seed pelleting machine	
07.188	林地清理机械	site preparation machinery	
07.189	割灌机	brush saw	
07.190	除灌机	scrub-clearing machine	
07.191	推树机	tree dozer	
07.192	拔根机	stump extractor	
07.193	伐根削片机	stump chipper, stump cutter	
07.194	挖根犁	root plow	
07.195	枝桠推集机	forest rake	
07.196	枝桠切碎机	slash chopper	
07.197	育苗机械	seedling machinery	

序 码	汉 文 名	英 文 名	注 释
07.198	切条机	cutting cutter	
07.199	插条机	cutting planter	
07.200	苗木移植机	seedling transplanter	
07.201	切根机	root cutter	
07.202	起苗机	seedling lifter, plant lifter	
07.203	选苗机	seedling grading machine	
07.204	苗木打包机	seedling packing machine	
07.205	起苗联合机	seedling harvester	
07.206	容器制作机	containerset making machine	
07.207	容器育苗装播机	filling and sowing equipment for containerset	
07.208	造林机械	afforestation and reforestation machinery	
07.209	容器苗栽植器	planting tube	
07.210	挖坑机	earth auger	
07.211	深栽钻孔机	deep planting auger	
07.212	植树机	tree planter	
07.213	连续开沟植树机	continuous furrow planter	
07.214	间断开沟植树机	intermittent furrow planter	
07.215	挖穴式植树机	automatic injection planter	
07.216	坡地植树机	steep slope tree planter	
07.217	树木挖掘机	tree balling machine	
07.218	树木移植机	tree transplanting machine, tree spade	
07.219	植被搔碎机	reforestation scarifier	
07.220	飞机种子撒播机	helicopter-mounted broadcaster	
07.221	森林抚育机械	forest cultivation machinery	
07.222	幼林除草松土机	young stand cultivator	
07.223	修枝机	pruner	
07.224	自动爬树修枝机	tree monkey	
07.225	树篱修剪机	hedge cutter	
07.226	森林保护机械	forest protection machinery	
07.227	树木护罩喷雾器	tree-guard sprayer	
07.228	防火犁	fire plow	
07.229	红外探火仪	infrared fire detector	
07.230	探火热象仪	thermal imaging system for fire detecting	

序 码	汉 文 名	英 文 名	注 释
07.231	风力灭火机	pneumatic extinguisher	
07.232	直升机灭火装置	helitanker	
07.233	森林消防车	forest fire-fighting caravan	
07.234	[森林]采运机械	logging machinery	又称"木材生产机械"。
07.235	[森林]采运机械化	logging mechanization	
07.236	[森林]采运机械系统	logging machine system	
07.237	[森林]采伐机械	felling machinery	
07.238	链锯	chain saw	
07.239	汽油动力链锯	gasoline powered chain saw, chain saw	简称"油锯"。
07.240	电动链锯	electric powered chain saw	简称"电锯"。
07.241	锯链锉磨机	saw chain filing machine	
07.242	伐木机	feller, felling machine	
07.243	伐木剪	tree shears	
07.244	打枝机	delimber	
07.245	集材机械	skidding machinery	
07.246	集材拖拉机	skidder, logging tractor	
07.247	钢丝绳集材拖拉机	cable skidder	又称"索式集材拖拉机"。
07.248	抓钩集材拖拉机	grapple skidder	
07.249	自装集材拖拉机	self-loading skidder	
07.250	集运机	forwarder	
07.251	绞盘机	winch	
07.252	装车绞盘机	loading winch	
07.253	索道绞盘机	yarder, skyline winch	
07.254	自行式绞盘机	mobile yarder	
07.255	[森林]采伐联合机	forest harvesting combine, tree harvester	完成伐木和其它一种或多种伐区作业的多功能自行式机械的总称。
07.256	伐木—归堆机	feller-buncher	
07.257	伐木—集材机	feller-skidder	
07.258	伐木—打枝—归堆机	feller-delimber-buncher	

序 码	汉 文 名	英 文 名	注 释
07.259	伐木-打枝-造材-归堆机	feller-delimber-bucker-buncher	
07.260	打枝-造材-归堆机	delimber-bucker-buncher	
07.261	运材机械	log hauling machinery	
07.262	运材汽车	log truck	
07.263	运材挂车	logging trailer	
07.264	森铁机车	logging locomotive, dinkey	
07.265	森铁台车	forestry railroad car, disconnected truck	
07.266	编排机	rafting machine	
07.267	木排拖轮	tug boat	
07.268	木材起重输送机械	log handling and conveying machinery	
07.269	架杆装车机	A-frame loader	
07.270	架杆兜卸机	frame unloader	
07.271	[木材]液压起重臂	hydraulic log loading boom	
07.272	木材装载机	log loader	
07.273	木材叉车	log fork-lift truck	
07.274	林用龙门起重机	forestry gantry crane	
07.275	林用装卸桥	forestry overhead travelling crane	
07.276	缆索起重机	cable crane	
07.277	链式输送机	chain conveyor	
07.278	索式输送机	cable conveyor	
07.279	造材自动线	automated bucking line	
07.280	造材链锯机	bucking chain saw	
07.281	造材圆锯机	bucking circular saw	
07.282	选材自动线	automated log-sorting line	
07.283	抛木机	log kicker, log ejecter	
07.284	自动检尺仪	autoscaler	
07.285	采伐剩余物利用机械	slash utilization machinery	
07.286	枝桠收集机	branchwood collecting machine	
07.287	枝桠打捆机	branchwood baler	
07.288	枝桠剥皮机	branchwood rosser	
07.289	枝桠削片机	branchwood chipper	

序 码	汉 文 名	英 文 名	注 释
07.290	全树削片机	whole-tree chipper	
07.291	木片风送机	chip blower	
07.292	木片打包机	chip packing machine	
07.293	木片运输车	chip van	

08. 木材加工

序 码	汉 文 名	英 文 名	注 释
08.001	木材	wood	
08.002	针叶树材	softwood	
08.003	阔叶树材	hardwood	
08.004	幼龄材	juvenile wood	
08.005	成年材	mature wood, adult wood	又称"成熟材"。
08.006	生材	green wood	
08.007	直纹木材	straight-grained wood	
08.008	斜纹木材	cross-grained wood	
08.009	无疵木材	clear wood	
08.010	早材	early wood, spring wood	
08.011	晚材	late wood, summer wood	
08.012	边材	sapwood	
08.013	心材	heartwood	
08.014	应力木	reaction wood	
08.015	应压木	compression wood	
08.016	应拉木	tension wood	
08.017	生长应力	growth stress	
08.018	应力松弛	stress relaxation	
08.019	木材蠕变	creep of wood	
08.020	木材构造	structure of wood, wood structure	
08.021	木材识别	wood identification	又称"木材鉴别"。
08.022	横切面	cross section, transverse section	又称"横截面"。
08.023	弦切面	tangential section	
08.024	径切面	radial section	
08.025	树皮	bark	
08.026	韧皮部	phloem, bast	
08.027	韧皮纤维	phloem fiber, bast fiber	
08.028	形成层	cambium	

序 码	汉 文 名	英 文 名	注 释
08.029	木质部	xylem	
08.030	髓心	pith	
08.031	髓斑	pith fleck	
08.032	节子	knot	
08.033	树胶道	gum duct, gum canal	
08.034	树脂道	resin duct, resin canal	
08.035	树脂囊	pitch pocket	
08.036	树脂条纹	pitch streak	
08.037	创伤树脂道	traumatic resin duct, traumatic resin canal	
08.038	生长轮	growth ring	
08.039	年轮	annual ring	
08.040	散孔材	diffuse porous wood	
08.041	半散孔材	semi-diffuse porous wood	
08.042	环孔材	ring porous wood	
08.043	半环孔材	semi-ring porous wood	
08.044	木材的各向异性	anisotropy of wood	
08.045	管孔	pore	
08.046	管胞	tracheid	
08.047	木射线	wood ray, xylem ray	
08.048	射线管胞	ray tracheid	
08.049	导管分子	vessel member, vessel element	
08.050	导管	vessel	
08.051	薄壁组织	parenchyma	
08.052	薄壁组织细胞	parenchyma cell	
08.053	虫眼	pinhole, wormhole	
08.054	分泌细胞	epithelial cell	
08.055	细结构	fine texture	
08.056	粗结构	coarse texture	
08.057	松散纹理	loosened grain	
08.058	斜纹理	cross grain	
08.059	交错纹理	interlocked grain	
08.060	螺旋纹理	spiral grain	
08.061	木材花纹	wood figure	
08.062	细胞腔	cell lumen, cell cavity	
08.063	细胞壁	cell wall	
08.064	胞间层	middle lamella	

序 码	汉 文 名	英 文 名	注 释
08.065	纹孔	pit	
08.066	单纹孔[对]	simple pit [pair]	
08.067	具缘纹孔[对]	bordered pit [pair]	
08.068	半具缘纹孔[对]	half bordered pit [pair]	
08.069	纹孔环	pit annulus	
08.070	纹孔口	pit aperture, orifice	
08.071	纹孔缘	pit border	
08.072	纹孔道	pit canal	
08.073	纹孔腔	pit cavity	
08.074	纹孔室	pit chamber	
08.075	纹孔闭塞	pit aspiration	
08.076	纹孔塞	torus, pit torus	
08.077	自由水	free water	
08.078	吸着水	bound water	又称"结合水"。
08.079	平衡含水率	equilibrium moisture content	
08.080	纤维饱和点	fiber saturation point	
08.081	木材膨胀	wood swelling	又称"木材润胀"。
08.082	湿润性	wettability	
08.083	滞后现象	hysteresis	
08.084	木材干缩	wood shrinkage	
08.085	顺纹抗压强度	compression strength parallel to grain	
08.086	顺纹抗拉强度	tensile strength parallel to grain	
08.087	横纹抗压强度	compression strength perpendicular to grain	
08.088	横纹抗拉强度	tensile strength perpendicular to grain	
08.089	顺纹抗剪强度	shear strength parallel to grain	
08.090	横纹抗剪强度	shear strength perpendicular to grain	
08.091	压[缩破]坏	compression failure	
08.092	侵填体	tylosis	
08.093	胞壁物质	cell wall substance	
08.094	拟侵填体	tylosoid	
08.095	木材综合利用	wood comprehensive utilization	
08.096	全树利用	whole-tree utilization, complete-tree utilization	

序 码	汉 文 名	英 文 名	注 释
08.097	木材工艺学	wood technology	
08.098	制材	lumbering	
08.099	制材产品	lumber product	
08.100	锯材	sawn timber	
08.101	成材	lumber	
08.102	板材	board	
08.103	方材	square	
08.104	毛方	cant	
08.105	毛边材	unedged lumber	
08.106	板条	strip	
08.107	半圆材	half-round wood	
08.108	半成材	shop lumber	
08.109	净面材	clear cutting board	
08.110	板皮	slab	
08.111	下脚料	offcut	
08.112	跑锯材	miss cut lumber	
08.113	粗锯材	unwrought timber	
08.114	小方材	butten	
08.115	钝棱材	waney lumber	
08.116	灰板条	lath	
08.117	制材工艺	sawing technology	
08.118	原木剥皮	log barking	
08.119	原木整形	log rough rounding	
08.120	划线下锯	pattern line sawing	
08.121	锯剖图	sawing pattern	
08.122	避心下锯法	side cut	
08.123	抽心下锯法	box heart sawing	
08.124	弦向下锯法	plain sawing, flat sawing	
08.125	径向下锯法	center sawn	
08.126	三面下锯法	three-faced sawing	
08.127	四面下锯法	four-faced sawing	
08.128	毛板下锯法	through-and-through sawing	
08.129	锯路	saw kerf	
08.130	[锯]齿料	tooth setting	
08.131	拨料	briar dressing, spring set	
08.132	压料	swaging, swage set	
08.133	[原木]出材量	mill run	

序码	汉文名	英文名	注释
08.134	出材率	out-put, percentage of cut-turn	
08.135	木材干燥	wood drying	
08.136	自然干燥	natural seasoning, air seasoning	又称"气干"。
08.137	人工干燥	artificial seasoning	
08.138	除湿干燥	dehumidification	
08.139	真空干燥	vacuum drying	
08.140	微波干燥	microwave drying	
08.141	太阳能干燥	solar drying	
08.142	过热蒸汽干燥	superheated steam drying	
08.143	高频干燥	radio-frequency drying, high-frequency drying	
08.144	高温干燥	high-temperature drying	
08.145	气干材	air-seasoned timber	
08.146	窑干材	kiln-dried timber	
08.147	堆积材积	stacked volume	
08.148	干燥基准	drying schedule, kiln schedule	
08.149	干燥应力	drying stress	
08.150	含水率梯度	moisture gradient	
08.151	干燥缺陷	drying defect	
08.152	表面硬化	casehardening	
08.153	中心硬化	reverse casehardening	又称"逆表面硬化"。
08.154	干缩	dry shrinkage	
08.155	皱缩	collapse, washboarding	又称"溃缩"。
08.156	干缩比	ratio of tangential to radial shrinkage	
08.157	干裂	check	
08.158	表裂	surface check	
08.159	端裂	end check	
08.160	细裂	hair crack, hair check	
08.161	环裂	ring shake	
08.162	径裂	radial shake	
08.163	蜂窝裂	honeycombing	
08.164	翘曲	warp, warping, distortion	
08.165	菱形变形	diamonding	
08.166	扭曲	twisting, winding	
08.167	侧弯	crook, spring, edge bend	
08.168	弓弯	bowing	

序码	汉文名	英文名	注释
08.169	瓦形弯	cupping	
08.170	尺寸稳定性	dimensional stability	
08.171	调温调湿	conditioning	
08.172	木材保护	wood protection	
08.173	木材防腐	wood preservation	
08.174	木材防腐剂	wood preservative	
08.175	满细胞法	full—cell process	
08.176	空细胞法	empty—cell process	
08.177	热冷槽法	hot and cold bath process	
08.178	扩散法	diffusion process	
08.179	双扩散法	double—diffusion process	
08.180	双真空法	double vacuum process	
08.181	振荡加压法	oscillating pressure process	
08.182	频压法	alternating pressure process	
08.183	二次循环法	double Rueping process	
08.184	端压法	Boucherie process	又称"树液置换法"。
08.185	有机溶剂载送法	Cellon process	
08.186	枪注法	gun—injection process	
08.187	刻痕	incising	
08.188	浸渍	dipping	
08.189	浸注性	impregnatability	
08.190	拒受点	refusal point, virtual refusal	
08.191	净保持量	net retention	
08.192	透入度	penetrability	又称"透入性"。
08.193	处理性	treatability	
08.194	渗出性	leachability	
08.195	溢油	bleeding	
08.196	起霜	bloom	
08.197	木材腐朽	wood decay	
08.198	木材败坏	wood deterioration	
08.199	木材变色	wood stain	
08.200	木材化学变色	wood chemical stain	
08.201	斑腐	mottled rot	
08.202	红腐	red rot	
08.203	软腐	soft rot	
08.204	木材蛀孔害虫	wood boring insect	
08.205	毒性试验	toxicity test	

序 码	汉 文 名	英 文 名	注 释
08.206	半致死剂量	lethal dosage 50%, LD$_{50}$	
08.207	毒性极限	toxicity limit	
08.208	起始剂量值	threshold value	
08.209	木材阻燃	fire-retarding of wood	
08.210	木材阻燃剂	wood fire retardant	
08.211	耐火极限	limit of fire resistance	
08.212	炭化长度	char length	
08.213	火焰传播速度	rate of flame spread	
08.214	阻燃时间	duration of fire resistance	
08.215	续燃时间	after flame time	
08.216	燃烧失重率	rate of lostmass after fire	
08.217	木材切削	wood cutting, wood machining	
08.218	无屑切削	chipless cutting	
08.219	纵向切削	longitudinal cutting	
08.220	横截	cross cutting	
08.221	横向切削	transverse-longitudinal cutting	
08.222	端向切削	end grain cutting	
08.223	斜向切削	oblique cutting	
08.224	斜角切削	inclined cutting	
08.225	直角切削	orthogonal cutting	又称"正切削"。
08.226	顺铣	down milling, climb milling	
08.227	逆铣	up milling, conventional milling	
08.228	端铣	end milling	
08.229	毛刺	fuzzy grain, woolly grain	
08.230	切削崩痕	chipped grain	
08.231	切削波纹	raised grain	
08.232	削片压痕	chip mark, bruising	
08.233	漏刨	skip-in-planing	
08.234	切削沟痕	torn grain	又称"毛刺沟痕"。
08.235	撕裂	tearing	
08.236	木制品	wooden article	
08.237	拼接	jointing	
08.238	材面接合	face joint	
08.239	钉接	nailed joint	
08.240	胶接	glued joint	
08.241	键接	keyed joint	
08.242	榫槽接合	tongue and groove joint, mortice	

序 码	汉文名	英 文 名	注 释
		and tenon joint	
08.243	销接	dowelling joint	
08.244	斜接	scarf joint	
08.245	燕尾榫接合	dovetail joint	
08.246	指形接合	finger joint	
08.247	高低缝接合	ship-lap joint	
08.248	螺钉接合	screw joint	
08.249	加楔	wedging	
08.250	开榫	tenoning	
08.251	销子	pin	
08.252	键	key	
08.253	暗销	dowel pin	
08.254	透榫	through tenon	
08.255	斜榫	bevelled tenon	
08.256	燕尾榫	dovetail tenon	又称"鸠尾榫"。
08.257	裂环	split ring	
08.258	突缘饰	nosing	
08.259	线角	moulding	
08.260	珠缘	bead	
08.261	半圆饰	bead and reel	
08.262	齿形饰	dentil, dentel	
08.263	圆形浮雕	boss	
08.264	浮雕	embossing	
08.265	[人造板]板材	panel	
08.266	实体木材	solid wood	简称"实木"。
08.267	木质人造板	wood-based panel	简称"人造板"。
08.268	非木材人造板	non-wood based panel	
08.269	胶合板	plywood	
08.270	成型胶合板	moulded plywood	
08.271	竹材胶合板	bamboo plywood	
08.272	竹编胶合板	bamboo mat plywood	
08.273	复合板	composite board	
08.274	层积材	laminated wood	
08.275	单板层积材	laminated veneer lumber, LVL	
08.276	细木工板	lumber-core board, block board	
08.277	空心细木工板	hollow-core board	
08.278	夹心板	sandwich panel	

序 码	汉 文 名	英 文 名	注 释
08.279	旋切原木	peeler log, veneer log	
08.280	木段	billet, bolt	
08.281	[单板刨切]木方	flitch	
08.282	木心	core	
08.283	旋切单板	rotary cut veneer	
08.284	刨切单板	sliced veneer	
08.285	锯切单板	sawn veneer	
08.286	微薄木	micro-veneer	
08.287	组合单板	reconstituted veneer	又称"组合薄木"。
08.288	集成单板	integrated veneer	又称"集成薄木"。
08.289	装饰单板	fancy veneer, decorative veneer	又称"装饰薄木"。
08.290	表板	face veneer	
08.291	中板	core veneer, cross band veneer	又称"芯板"。
08.292	背板	back veneer	
08.293	胶膜[纸]	film adhesive	
08.294	原木蒸煮	log cooking, log steaming	
08.295	木段定心	centering	
08.296	木段装机	log charging	
08.297	单板带	veneer band	
08.298	卷取	reeling	
08.299	放卷	unreeling	
08.300	剪切	clipping	
08.301	单板干燥	veneer drying	
08.302	单板拼接	veneer splicing	
08.303	冲洞	punching	
08.304	补节	patching	
08.305	涂胶	glue spreading	
08.306	组坯	assembly, lay-up	
08.307	陈化时间	assembly time	
08.308	开放陈化时间	open assembly time	
08.309	闭合陈化时间	closed assembly time	
08.310	预压	prepressing	
08.311	热压	hot pressing	
08.312	齐边	trimming	
08.313	砂光	sanding	
08.314	分等	grading	
08.315	缺胶接合	starve joint	

序 码	汉 文 名	英 文 名	注 释
08.316	分层	delamination	
08.317	离缝	gap, open joint	
08.318	叠芯	overlap	
08.319	褶层	pleat	
08.320	鼓泡	blister	
08.321	透胶	bleed−through	
08.322	胶斑	glue stain	
08.323	开放性缺陷	open defect	
08.324	裂纹	craze	
08.325	补块毛糙	rough patch	
08.326	表层破穿	show through	
08.327	纤维板	fiber board	
08.328	硬质纤维板	hardboard	
08.329	半硬质纤维板	semi−hard board	
08.330	软质纤维板	insulation board	
08.331	中密度纤维板	medium density fiberboard, MDF	
08.332	干法	dry−process	
08.333	湿法	wet−process	
08.334	半干法	semi−dry process	
08.335	木片水洗	chip washing	
08.336	木片蒸煮	chip steaming	
08.337	纤维分离	defibration, fiberizing	
08.338	纤维精磨	fiber refining	
08.339	常压纤维分离	atmospheric refining	
08.340	加压纤维分离	pressurized refining	
08.341	纤维分级	fiber classification	
08.342	增湿	humidification	
08.343	交织	interfelting	
08.344	粘板	fiber sticking	
08.345	树脂障碍	pitch trouble	
08.346	刨花板	particle board, chipboard	又称"碎料板"。
08.347	定向刨花板	oriented strand board, OSB	
08.348	低密度刨花板	low−density particleboard	
08.349	中密度刨花板	medium−density particleboard	
08.350	高密度刨花板	high−density particleboard	
08.351	纤维刨花板	fiber particleboard	
08.352	大片刨花板	flake board	

序 码	汉文名	英 文 名	注 释
08.353	华夫刨花板	wafer board	
08.354	水泥刨花板	cement particle board	
08.355	水泥木丝板	wood wool cement board	
08.356	木材破碎	hogging	
08.357	削片	chipping	
08.358	刨片	flaking	
08.359	木丝刨切	wood wool machining	
08.360	卷丝	curl	
08.361	大片刨花	flake	
08.362	木片	chip	
08.363	长条薄片刨花	strand	
08.364	华夫刨花	wafer	
08.365	木丝	excelsior, wood wool	
08.366	木粉	wood flour	
08.367	碎料	particle	
08.368	长厚比	slenderness ratio	
08.369	长宽比	aspect ratio	
08.370	施胶	glue blending, sizing	
08.371	铺装	felting	
08.372	供料	furnishes	又称"来料"。
08.373	汽射法	steam blow, vapour injection process	又称"蒸汽喷射法"。
08.374	预固化	precure	
08.375	后固化	postcure	
08.376	刨花模压	particle moulding	
08.377	热模法	thermodyn process	
08.378	箱体成型法	collipress process	
08.379	威氏模压法	Werzalit process	
08.380	刨花计量	chip metering	
08.381	断面密度[分布]	profile density	又称"剖面密度"。
08.382	胶团	glue ball	
08.383	板边欠厚	dubbing	
08.384	涂饰	finishing, coating	
08.385	贴面	overlay	
08.386	PVC 贴面	PVC film overlay	
08.387	纸质贴面	paper overlay	
08.388	薄木贴面	veneer overlay	

序 码	汉 文 名	英 文 名	注 释
08.389	金属箔贴面	metal foil overlay	
08.390	直接印刷	direct painting	
08.391	低压短周期工艺	low pressure short cycle processing	
08.392	改性木	improved wood, modified wood	
08.393	浸胶[层]压[缩]木	compreg, compregnated wood	
08.394	浸胶木	impreg	
08.395	压缩木	compressed wood, staypak	又称"压定木"。
08.396	塑合木	wood plastic composite	
08.397	制材机械	lumbering machinery	
08.398	锯机	sawing machine	
08.399	框锯	frame saw	
08.400	带锯	band saw	
08.401	圆锯	circular saw	
08.402	摆锯	swing saw	
08.403	裁边锯	edger	又称"齐边机"。
08.404	截头锯	trimmer	
08.405	主锯	head saw, headrig	
08.406	开槽锯	grooving saw	
08.407	万能圆锯	radial-arm saw	
08.408	钢丝锯	fret saw	
08.409	狐尾锯	drag saw	
08.410	原木跑车	log carriage	
08.411	削片-锯解联合机	chipping headrig	
08.412	削边机	chipping edger	
08.413	接锯机	brazer	
08.414	磨锯机	saw sharpener	
08.415	木工机械	wood working machinery, wood processing machine	
08.416	木材干燥窑	lumber dry kiln	
08.417	平刨机	planer, surfacer	
08.418	压刨机	thicknesser	
08.419	木工车床	lathe	
08.420	木工铣床	milling machine	
08.421	成型铣床	molder	
08.422	铣削车床	shaping lathe	

序码	汉文名	英文名	注释
08.423	仿形车床	copying lathe	
08.424	凿孔机	mortiser	
08.425	钻孔机	drilling machine, boring machine	
08.426	开榫机	tenoner	
08.427	开槽机	groover	
08.428	剪切机	clipper	
08.429	整边机	jointer	
08.430	人造板机械	wood based panel manufacturing machinery	
08.431	剥皮机	debarker	
08.432	旋切机	veneer peeling, lathe	
08.433	刨切机	slicer	
08.434	防弯压辊	back-up roller	
08.435	卷筒机	reeling machine	
08.436	放卷机	unreeling machine	
08.437	单板剪切机	veneer clipper	
08.438	单板拼接机	veneer splicer	
08.439	芯板拼接机	core composer	
08.440	缝拼机	stitching machine	
08.441	单板干燥机	veneer dryer	
08.442	网带干燥机	wire belt dryer	
08.443	辊筒干燥机	roller dryer	
08.444	平板干燥机	plate-press dryer	
08.445	冲洞机	puncher	
08.446	补节机	patcher	
08.447	涂胶机	glue spreader, glue coater	
08.448	辊涂机	roller coater	
08.449	淋涂机	curtain coater	
08.450	挤涂机	extrusion coater	
08.451	喷涂机	spraying coater	
08.452	组坯机	lay-up machine	
08.453	预压机	prepress	
08.454	热压机	hot press	
08.455	装卸机	loader and unloader	
08.456	刮光机	scrapper	
08.457	砂光机	sanding machine	
08.458	滚筒砂光机	drum sanding	

序 码	汉 文 名	英 文 名	注 释
08.459	宽带砂光机	wide-belt sanding	
08.460	磨浆机	attrition mill	
08.461	常压纤维分离机	atmospheric refiner	
08.462	加压纤维分离机	pressurized refiner	
08.463	热磨机	defibrator	
08.464	精磨机	refiner	
08.465	长网成型机	fourdrinier machine	
08.466	板坯横截锯	flying cut-off saw	
08.467	增湿机	humidifier	
08.468	碎木机	hog[ger]	又称"粉碎机"。
08.469	锤式碎木机	hammer mill	
08.470	切碎机	cutter mill	
08.471	刨片机	flaker	
08.472	华夫刨花机	waferizer	
08.473	刨花打磨机	chip grinder	
08.474	木片料仓	chip bin	
08.475	筛选机	screen, sieve machine	
08.476	[刨花]干燥机	chip dryer	
08.477	[刨花]拌胶机	blender	
08.478	喷胶机	glue sprayer	
08.479	成型机	forming machine, former	
08.480	铺装机	felting machine	

09. 林产化学加工

序 码	汉 文 名	英 文 名	注 释
09.001	林产化学产品	forest chemical products, silvichemicals	简称"林化产品"。
09.002	木材化学	wood chemistry	
09.003	天然纤维	native fiber	
09.004	木质化纤维	lignified fiber	
09.005	植物纤维	plant fiber	
09.006	原纤丝	protofibril, elementary fibril	
09.007	纤维素纤维	cellulose fiber	
09.008	纤丝	fibril	
09.009	微纤丝	microfibril	

序 码	汉 文 名	英 文 名	注 释
09.010	帚化	fibrillation	又称"纤丝化"。
09.011	综纤维素	holocellulose	
09.012	纤维素	cellulose	
09.013	半纤维素	hemicellulose	
09.014	无定形纤维素	amorphous cellulose	
09.015	微晶纤维素	microcrystalline cellulose	
09.016	α 纤维素	α–cellulose	
09.017	β 纤维素	β–cellulose	
09.018	γ 纤维素	γ–cellulose	
09.019	硝酸纤维素	nitrocellulose	
09.020	水化纤维素	hydrated cellulose	
09.021	纤维素衍生物	cellulose derivative	
09.022	纤维素酯类	cellulose esters	
09.023	纤维素醚类	cellulose ethers	
09.024	克–贝纤维素	Cross and Bevan cellulose	
09.025	木素原体	lignin precursor	
09.026	木素	lignin	又称"木质素"。
09.027	天然木素	native lignin	
09.028	原木素	protolignin	
09.029	磨木木素	milled wood lignin	
09.030	硝化木素	nitrolignin	
09.031	碱木素	alkali lignin	
09.032	氯化木素	chlorinated lignin	
09.033	木素分解	lignolysis	
09.034	木质化	lignification	
09.035	木酚素	lignan	又称"木脂素"。
09.036	木质醇	lignol	
09.037	木材提取物	wood extractive	
09.038	树木提取物	tree extractive	
09.039	木聚糖	xylan	
09.040	葡聚糖	glucan, glucosan	
09.041	戊聚糖	pentosan	
09.042	己聚糖	hexosan	
09.043	木素–碳水化合物复合体	lignin–carbohydrate complex	
09.044	克拉松木素	Klason lignin	
09.045	硫酸盐木素	kraft lignin	

序码	汉文名	英文名	注释
09.046	树脂酸	resin acid	
09.047	糖醛酸	uronic acid	
09.048	半乳葡甘露聚糖	galactoglucomannan	
09.049	阿拉伯葡糖醛酸木聚糖	arabinoglucuronoxylan	
09.050	阿拉伯半乳聚糖	arabinogalactan	
09.051	葡糖醛酸木聚糖	glucuronoxylan	
09.052	木材水解	wood hydrolysis	
09.053	木材糖	wood sugar	
09.054	木糖	xylose	
09.055	木糖醇	xylitol	
09.056	水解木素	hydrolytic lignin	
09.057	糠醛	furfural	
09.058	羟甲基糠醛	hydroxymethyl furfural	
09.059	饲料酵母	fodder yeast, feed yeast	
09.060	木材热解	wood pyrolysis	
09.061	木材干馏	wood destructive distillation	
09.062	木材气化	wood gasification	
09.063	木材炭化	wood carbonization	
09.064	木炭	charcoal	
09.065	黑炭	black charcoal	
09.066	白炭	white charcoal	
09.067	活性炭	active carbon, activated carbon	
09.068	木焦油	wood tar	
09.069	松焦油	pine tar	
09.070	溶解[木]焦油	soluble wood tar	
09.071	沉淀[木]焦油	precipitated wood tar	
09.072	木沥青	wood pitch	
09.073	木煤气	wood gas	
09.074	木杂酚油	wood creosote	
09.075	木精	wood spirit	又称"甲醇"。
09.076	木醋液	pyroligneous liquor	
09.077	土炭窑	earth kiln	
09.078	干馏釜	retort	
09.079	内热[干馏]釜	internal gas-heated retort	
09.080	[活性炭]活化炉	activating oven	
09.081	松脂	pine oleoresin, pine gum	

序 码	汉 文 名	英 文 名	注 释
09.082	松香	rosin, colophony	
09.083	毛松香	barras	
09.084	脂松香	gum rosin	
09.085	浸提松香	steam distilled rosin, wood rosin	又称"木松香"。
09.086	浮油松香	tall oil rosin	
09.087	精制松香	refined rosin	
09.088	明子	light wood, stump wood	
09.089	充脂材	resin-soaked wood, light wood	对树木注射药物使之充脂。
09.090	松节油	turpentine [oil]	
09.091	脂松节油	gum turpentine	
09.092	浸提松节油	steam distilled wood turpentine	又称"木松节油"。
09.093	硫酸盐松节油	sulfate turpentine	
09.094	浮油	tall oil	
09.095	采脂	wood tapping	
09.096	刮皮	rossing	
09.097	刮脂	dipping	
09.098	刮[皮]刀	bark shaver	
09.099	割脂刀	hack	
09.100	刮[皮]面	bark shaving face	
09.101	割面	tapping face	
09.102	中沟	median gutter	
09.103	侧沟	side gutter	
09.104	侧沟角	side gutter angle	
09.105	导脂器	apron, gutter	
09.106	受脂器	tin, cup	
09.107	强化松香	fortified rosin	
09.108	歧化松香	disproportionated rosin	
09.109	聚合松香	polymerized rosin	
09.110	马来松香	maleated rosin	
09.111	氢化松香	hydrogenated rosin	
09.112	氯化松香	chlorinated rosin	
09.113	松香胺	rosin amine	
09.114	松香腈	rosin nitrile	
09.115	松香酯	rosin ester	
09.116	松香盐	rosin salt	
09.117	浅色松香	pale rosin	

序 码	汉 文 名	英 文 名	注 释
09.118	松香油	rosin oil, retinol	
09.119	松香色级	color grades of rosin	
09.120	松香酸	rosin acid	
09.121	枞酸型树脂酸	abietic type acid	
09.122	海松酸型树脂酸	pimaric type acid	
09.123	枞酸	abietic acid	
09.124	新枞酸	neoabietic acid	
09.125	左旋海松酸	levopimaric acid	
09.126	长叶松酸	palustric acid	
09.127	脱氢枞酸	dehydroabietic acid	
09.128	二氢枞酸	dihydroabietic acid	
09.129	四氢枞酸	tetrahydroabietic acid	
09.130	[右旋]海松酸	pimaric acid, dextropimaric acid	
09.131	异海松酸	isopimaric acid	
09.132	山达海松酸	Sandaracopimaric acid	
09.133	湿地松酸	elliotinoic acid	
09.134	松脂酚	pinoresinol	又称"松脂素"。
09.135	二氢海松酸	dihydropimaric acid	
09.136	二氢异海松酸	dihydroisopimaric acid	
09.137	蒎酮酸	pinonic acid	
09.138	蒎烯	pinene	
09.139	萜烯	terpene	
09.140	水合萜烯	terpene hydrate	
09.141	萜类化合物	terpenoid	
09.142	萜烯醇	terpenol	
09.143	松油醇	terpineol	又称"萜品醇"。
09.144	双戊烯	dipentene	又称"松油精"。
09.145	双蒎烯	dipinene	
09.146	内莰烯	endocamphene	
09.147	长叶烯	longifolene	
09.148	长叶蒎烷	longipinane	
09.149	蒈烯	carene	
09.150	莰烯	camphene	
09.151	水芹烯	phellandrene	
09.152	香叶烯	myrcene	
09.153	石竹烯	caryophyllene	
09.154	雪松烯	himachalene	

序 码	汉 文 名	英 文 名	注 释
09.155	苧烯	limonene	
09.156	萜品油烯	terpinolene	
09.157	萜品烯	terpinene	
09.158	罗勒烯	ocimene	
09.159	长叶蒎烯	longipinene	
09.160	长叶环烯	longicyclene	
09.161	枞烯	abietene	
09.162	蒎酸	pinic acid	
09.163	枞烷	abietane	
09.164	罗汉松烷	podocarpane	
09.165	海松烷	pimarane	
09.166	异海松烷	isopimarane	
09.167	萜烯树脂	terpene resin	
09.168	双戊烯树脂	dipentene resin	
09.169	萜酚树脂	terpene-phenolic resin	
09.170	蒎烷	pinane	
09.171	海松二烯	pimaradiene	
09.172	惹烯	retene	
09.173	优[级松节]油	super turpentine	
09.174	重[质松节]油	heavy turpentine	
09.175	合成樟脑	synthetic camphor	
09.176	龙脑	borneol	
09.177	异龙脑	isoborneol	
09.178	栲胶	tannin extract	
09.179	五倍子	Chinese gall, Chinese gallnut	
09.180	缩合类栲胶	condensed tannin extract	
09.181	水解类栲胶	hydrolysable tannin extract	
09.182	栲树栲胶	mangrove extract	
09.183	坚木栲胶	quebracho extract	
09.184	漆叶栲胶	sumach extract	
09.185	油柑栲胶	emblic extract	
09.186	栗木栲胶	chestnut extract	
09.187	橡椀栲胶	valonia extract	
09.188	荆树栲胶	wattle extract, mimosa extract	
09.189	落叶松栲胶	larch extract	
09.190	杨梅栲胶	myrica extract	
09.191	单宁	tannin	又称"鞣质"。

序码	汉文名	英文名	注释
09.192	植物单宁	vegetable tannin	
09.193	植物鞣料	vegetable tanning material	
09.194	缩合类单宁	condensed tannin	
09.195	水解类单宁	hydrolysable tannin	
09.196	棓子单宁	Chinese tannin	又称"五倍子单宁"。
09.197	土耳其棓子单宁	Turkish gallotannin	
09.198	鞣花单宁	ellagitannin	
09.199	棓酸	gallic acid	又称"五倍子酸"。
09.200	焦棓酸	pyrogallic acid	
09.201	柯黎勒酸	chebulinic acid	
09.202	柯子酸	chebulic acid	
09.203	橡椀鞣花素酸	valolaginic acid	
09.204	橡椀宁酸	valoninic acid	
09.205	橡椀酸	valoneaic acid	
09.206	鞣花酸	ellagic acid	
09.207	单宁酸	tannic acid	
09.208	橡椀酸二内酯	valoneaic acid dilactone	
09.209	云实素	brevifolin	
09.210	阿福豆素	afzelechin	
09.211	多酚	polyphenol	
09.212	棓儿茶素	gallocatechin	
09.213	表儿茶素	epicatechin	
09.214	儿茶素	catechin	
09.215	表棓儿茶素	epigallocatechin	
09.216	原花色素	proanthocyanidin	
09.217	花色素	anthocyanidin	
09.218	花青定	cyanidin	
09.219	翠雀定	delphinidin	
09.220	菲瑟定	fisetinidin	
09.221	刺槐定	robinetinidin	
09.222	黄酮类化合物	flavonoid	
09.223	黄烷醇	flavanol	
09.224	紫胶	lac	
09.225	粒胶	seed lac	
09.226	漂白紫胶	bleached lac	
09.227	紫胶片	shellac	
09.228	脱色紫胶片	decolorized shellac	

序 码	汉文名	英 文 名	注 释
09.229	紫胶虫	lacca, laccifer lacca	
09.230	紫胶梗	stick lac	
09.231	紫胶酸	lac acid	
09.232	紫胶蜡	lac wax	
09.233	紫胶色酸	laccaic acid	
09.234	紫胶色素	lac dye	
09.235	紫胶壳脑醛酸	laccijalaric acid	
09.236	紫胶壳脑酸	laccishellolic acid	
09.237	表紫胶壳脑酸	epilaccishelbolic acid	
09.238	表壳脑醇酸	epilaksholic acid	
09.239	壳脑醛酸	jalaric acid	
09.240	贝壳杉胶	kauri gum	
09.241	贝壳杉油	kauri oil	
09.242	精油	essential oil	
09.243	茴香油	anise oil	
09.244	山苍子油	litsea cubeba oil, litsea citrata oil	
09.245	小茴香油	fennel oil	
09.246	肉桂[皮]油	cassia oil	
09.247	沉香木油	agilawood oil	
09.248	松针油	pine needle oil	
09.249	柏木油	cedar oil	
09.250	臭松油	apinclum, apinol	
09.251	桉叶油	eucalyptus oil	
09.252	桧油	sabina oil	
09.253	橄榄油	olive oil	
09.254	梓樟油	tamala oil	
09.255	樟油	camphor wood oil	
09.256	楠木油	machilus oil, nanmu oil	
09.257	愈创木油	guaiac wood oil	
09.258	柠檬油	lemon oil	
09.259	[甜]橙油	orange oil, sweet orange oil	
09.260	钓樟油	kuromoji oil	
09.261	松油	pine oil	
09.262	杉木油	san-mou oil	
09.263	乌桕油	Chinese tallow	
09.264	茴脑	anethole	
09.265	柏木脑	cedrol	

序码	汉文名	英文名	注释
09.266	桉叶脑	eucalyptol	
09.267	桉油素	cineole	
09.268	芳樟醇	linalool	
09.269	樟烯	laurolene	
09.270	樟烯酸	laurolenic acid	
09.271	樟烷酸	laurolanic acid	
09.272	异长叶烯	isolongifolene	
09.273	异长叶酸	isolongifolic acid	
09.274	异泪柏烯	isomanoene	
09.275	异香叶醇	isogeraniol	
09.276	天然树脂	natural resin	
09.277	生漆	Chinese lacquer	又称"大漆"。
09.278	加拿大香胶	Canada balsam	
09.279	虫白蜡	Chinese insect wax	
09.280	芒果胶	mango gum	
09.281	安息香树胶	gum benzoin	
09.282	冷杉香胶	abies balsam	
09.283	桃胶	peach gum	
09.284	冷杉酸	abieninic acid	
09.285	冷杉醇	abienol	
09.286	阿拉伯胶	gum arabic	
09.287	松叶酸	pinifolic acid	
09.288	杜仲胶	gutta percha	
09.289	松根油	pine root oil	
09.290	桐油	tung oil	
09.291	软木	cork	又称"栓皮"。
09.292	软木板	cork board	
09.293	软木砖	cork block	
09.294	软木纸	cork sheet	
09.295	漆酚	laccol	
09.296	漆酶	laccase	
09.297	漆蜡	lacquer wax	
09.298	樟脑	camphor	
09.299	制浆	pulping	
09.300	纸浆	pulp	
09.301	木浆	wood pulp	
09.302	化学[木]浆	chemical [wood] pulp	

序 码	汉 文 名	英 文 名	注 释
09.303	化学磨木浆	chemical—ground pulp	
09.304	磨木浆	groundwood pulp, mechanical pulp	
09.305	硫酸盐浆	kraft pulp, sulfate pulp	
09.306	亚硫酸盐浆	sulfite pulp	
09.307	烧碱法浆	soda pulp	
09.308	半化学浆	semi—chemical pulp	
09.309	碱法浆	alkali pulp	
09.310	中性亚硫酸盐半化学浆	neutral sulphite semichemical pulp	
09.311	预热磨木浆	thermomechanical pulp	又称"热磨机械浆"。
09.312	半机械浆	semi—mechanical pulp	
09.313	高得率浆	high yield pulp	
09.314	低得率浆	low yield pulp	
09.315	半漂浆	partly bleach pulp	
09.316	漂白浆	bleach pulp	
09.317	原浆	virgin pulp	
09.318	软浆	soft pulp	
09.319	夹生浆	undercooked pulp	
09.320	用碱量	alkali charge	
09.321	碱耗	alkali consumption	
09.322	有效碱	available alkali	
09.323	漂白	bleach	
09.324	漂率	bleachability	
09.325	细浆	screened pulp	
09.326	有效氯	available chlorine	
09.327	蒸煮	cooking	
09.328	高锰酸钾值	K value	
09.329	总碱	total alkali	
09.330	H 因子	H factor	
09.331	Z 因子	Z factor	
09.332	碱法蒸煮	alkaline cooking	
09.333	酸法蒸煮	acid cooking	
09.334	碱回收	soda recovery	
09.335	绿泥	dregs	
09.336	黑液	black liquor	
09.337	绿液	green liquor	

序 码	汉 文 名	英 文 名	注 释
09.338	快速蒸煮	high speed cooking	
09.339	白泥	mud	
09.340	白液	white liquor	
09.341	碱处理	alkaline treatment	
09.342	多段漂白	multistage bleaching	
09.343	置换漂白	displacement bleaching	
09.344	置换洗涤	displacement washing	
09.345	扩散洗涤	diffuser washing	
09.346	蒸煮周期	digester cycle	
09.347	纤维束	fiber bundle	
09.348	打浆	beating	
09.349	打浆度	degree of beating	
09.350	肖氏打浆度	degree Schopper-Riegler, S.R.	
09.351	水化度	degree of hydration	
09.352	浆料	stuff	
09.353	半浆	half stuff	
09.354	重刀打浆	hard beating	
09.355	打浆比压	specific beating pressure	
09.356	分丝	devillicate	
09.357	撕裂度	tear strength	
09.358	抗张强度	tensile strength	
09.359	伸长率	tensile stretch	
09.360	挺度	stiffness	
09.361	吸湿性	hygroscopicity	
09.362	柔软性	softness	
09.363	表面结合强度	surface bonding strength	
09.364	干度	dryness	
09.365	耐折度	folding endurance	
09.366	游离状打浆	fast beating, free beating	
09.367	粘状打浆	shiny beating, slow beating	
09.368	半游离状打浆	semi-fast beating	
09.369	湿稳性	hygro-stability	
09.370	吸墨性	ink absorption	
09.371	耐破度	burst	
09.372	紧度	closeness	
09.373	白水	white water	
09.374	絮浆	flocculate	

序 码	汉 文 名	英 文 名	注 释
09.375	涂布	coating	
09.376	白度	brightness	
09.377	不透明度	opacity	
09.378	压光	calendering	
09.379	毛布面	felt side	
09.380	水线	dry line	
09.381	滤水性	drainability	
09.382	耐皱性	crease resistance	
09.383	耐揉性	crumpling resistance	
09.384	回色	color reversion	

英 汉 索 引

A

abieninic acid　冷杉酸　09.284

abienol　冷杉醇　09.285

abies balsam　冷杉香胶　09.282

abietane　枞烷　09.163

abietene　枞烯　09.161

abietic acid　枞酸　09.123

abietic type acid　枞酸型树脂酸　09.121

absolute form quotient　绝对形率　04.059

accelerated erosion　加速侵蚀　05.010

accessibility of forest　森林可及度　04.195

acid cooking　酸法蒸煮　09.333

activated carbon　活性炭　09.067

activating oven　[活性炭]活化炉　09.080

active carbon　活性炭　09.067

active dune　流动沙丘　05.101

Act of soil and water conservation　水土保持工
作条例　05.062

actual forest　现实林　04.167

actual yield table　实际收获表　04.100

add-forced cable system　增力式索道　07.071

adult wood　成年材，* 成熟材　08.005

advanced decay　后期腐朽　03.045

aerial forest fire protection　航空护林　03.118

aerial fuels　架空可燃物　03.133

aerial plant　气生植物　06.090

aerial seeding　飞机播种，* 飞播　02.145

aerial volume table　航空材积表　04.145

afforestation　[无林地]造林　02.085

afforestation and reforestation machinery　造
林机械　07.208

A-frame loader　架杆装车机　07.269

after flame time　续燃时间　08.215

afzelechin　阿福豆素　09.210

age class　龄级　04.215

age class method　龄级法　04.126

age-class period　龄级期　04.238

age-class space　林龄空间　04.207

age-class table　龄级表　04.239

age-class-transition probability　林龄转移概
率　04.205

age-class vector　林龄向量　04.204

age gradation　龄阶　04.216

age group　龄组　04.217

agilawood oil　沉香木油　09.247

air-seasoned timber　气干材　08.145

air seasoning　自然干燥，* 气干　08.136

air seeding　飞机播种，* 飞播　02.145

alkali charge　用碱量　09.320

alkali consumption　碱耗　09.321

alkali lignin　碱木素　09.031

alkaline cooking　碱法蒸煮　09.332

alkaline treatment　碱处理　09.341

alkali pulp　碱法浆　09.309

allelopathy　化感作用，* 异种克生　02.040

allotment methods　平分法，* 分期法
04.127

allowable cut　容许采伐量　04.113

allowable cutting unit　容许采伐单位　04.163

alpine plant　高山植物　06.089

altar and monastery garden　园林坛庙
06.030

alternating pressure process　频压法　08.182

alternation of slope and terrace　隔坡梯田
05.125

ambrosia beetle　食菌小蠹　03.071

amelioration with protection forest　森林改良
土壤　05.118

amenity forest　风景林　01.023

American white moth　美国白蛾　03.094

amorphous cellulose　无定形纤维素　09.014

amusement ground　游乐场　06.040

ancient erosion　古代侵蚀　05.005

ancient garden　古代园林，* 历史园林
06.022

anethole 茴脑 09.264

angle gauge 角规 04.094

animal skidding 畜力集材 07.042

anise oil 茴香油 09.243

anisotropy of wood 木材的各向异性 08.044

annual canker 一年生溃疡 03.027

annual coupe 年伐面积 04.115

annual cut 年伐量 04.114

annual cutting area 年伐面积 04.115

annual input and output of log yard 贮木场年吞吐量 07.124

annual ring 年轮 08.039

annual working 连年作业 04.214

annual yield 年伐量 04.114

anthocyanidin 花色素 09.217

anthropogenic erosion 人为侵蚀 05.008

apinclum 臭松油 09.250

apinol 臭松油 09.250

apron 导脂器 09.105

aquatic plant 水生植物 06.093

arabinogalactan 阿拉伯半乳聚糖 09.050

arabinoglucuronoxylan 阿拉伯葡糖醛酸木聚糖 09.049

arboretum 树木园 06.045

arch bridge 拱桥 06.133

area and volume period method 折衷平分法 04.130

area control method 面积控制法 04.117

area frame work 面积平分法 04.128

area of special risk 特别危险地段 03.111

area period method 面积平分法 04.128

area regulation method 面积控制法 04.117

artificial division method 人工区划法 04.176

artificial form factor 胸高形数 04.053

artificial form quotient 胸高形率 04.057

artificial hill 假山 06.117

artificial measures promoting regeneration 人工促进更新 02.219

artificial reforestation 人工更新 02.084

artificial seasoning 人工干燥 08.137

aspect ratio 长宽比 08.369

assembly 组坯 08.306

assembly time 陈化时间 08.307

associated tree species 伴生树种 02.053

atmospheric refiner 常压纤维分离机 08.461

atmospheric refining 常压纤维分离 08.339

attrition mill 磨浆机 08.460

automated bucking line 造材自动线 07.279

automated log-sorting line 选材自动线 07.282

automatic injection planter 挖穴式植树机 07.215

autoscaler 自动检尺仪 07.284

available alkali 有效碱 09.322

available chlorine 有效氯 09.326

average tree 平均木，* 中央木 04.074

azonal climax 非地带性顶极 02.057

B

back fire 迎面火 03.150

back-up roller 防弯压辊 08.434

back veneer 背板 08.292

balanced forest 法正林 04.197

ball hooting 串坡 07.040

balloon logging 气球集材 07.072

ball planting 带土栽植 02.156

bamboo chute 竹滑道 07.050

bamboo locust 竹蝗 03.095

bamboo mat plywood 竹编胶合板 08.272

bamboo plywood 竹材胶合板 08.271

bamboo raft 竹排 07.116

banding 环阻法 03.091

band saw 带锯 08.400

bank erosion 河岸侵蚀 05.038

banking 木材归楞 07.136

barchane 新月形沙丘 05.088

bareroot seedling 裸根苗 02.113

bark 树皮 08.025

bark beetle 小蠹 03.069

bark gauge 测皮器 04.091

bark shaver 刮[皮]刀 09.098

bark shaving face 刮[皮]面 09.100

barras 毛松香 09.083

basal area　胸高断面积　04.042

basal area factor　角规常数，* 断面积系数　04.007

bast　韧皮部　08.026

bast fiber　韧皮纤维　08.027

battue　追捕猎　03.217

bead　珠缘　08.260

bead and reel　半圆饰　08.261

beating　打浆　09.348

bedding culture　床作　02.102

bed load　推移质　05.053

belt sowing　带播　02.106

bench terrace　水平梯田　05.122

bevelled tenon　斜榫　08.255

billet　木段　08.280

binding　夹锯　07.022

biogeocoenosis　生物地理群落　02.002

biological control　生物防治　03.002

biosphere　生物圈　03.191

biosphere reserve　生物圈保护区　03.192

bird sanctuary　鸟类保护区　03.204

bird's-eye view　鸟瞰图　06.105

black charcoal　黑炭　09.065

black heart　黑心材　03.033

black liquor　黑液　09.336

bleach　漂白　09.323

bleachability　漂率　09.324

bleached lac　漂白紫胶　09.226

bleach pulp　漂白浆　09.316

bleeding　溢油　08.195

bleed-through　透胶　08.321

blender　[刨花]拌胶机　08.477

blister　鼓泡　08.320

blister rust　疱锈病　03.010

block board　细木工板　08.276

bloom　起霜　08.196

blow-down　倒木　04.072

blow-out　暴发性火　03.143

blue stain　蓝变，* 青变　03.048

board　板材　08.102

board-foot log rule　板英尺原木板积表　04.143

bolt　木段　08.280

bonsai　盆景　06.064

boom　河缆　07.104

boomage　水上作业场　07.109

booming　编排　07.110

booming engineering　收漂工程　07.103

bordered pit [pair]　具缘纹孔[对]　08.067

bore dust　蛀屑　03.079

bore hole　蛀孔　03.080

borer hole　蛀孔　03.080

boring machine　钻孔机　08.425

borneol　龙脑　09.176

boss　圆形浮雕　08.263

botanical garden　植物园　06.044

Boucherie process　端压法，* 树液置换法　08.184

bound water　吸着水，* 结合水　08.078

bowing　弓弯　08.168

box heart sawing　抽心下锯法　08.123

branching　打枝　07.029

branch road　运材支线　07.085

branch volume　枝条材积　04.047

branchwood baler　枝桠打捆机　07.287

branchwood chipper　枝桠削片机　07.289

branchwood collecting machine　枝桠收集机　07.286

branchwood rosser　枝桠剥皮机　07.288

brazer　接锯机　08.413

breast height form factor　胸高形数　04.053

breast height form quotient　胸高形率　04.057

breeding zone　育种区　02.082

brevifolin　云实素　09.209

briar dressing　拨料　08.131

brightness　白度　09.376

broad-base terrace　软埝　05.124

broadcast burning　全面用火　03.175

broadcast sowing　撒播　02.104

broad leaved forest　阔叶林　01.011

brood tree　范树　03.076

brown rot　褐腐　03.047

brown stain　褐变　03.050

bruising　削片压痕　08.232

brush saw　割灌机　07.189

bucking　造材　07.030

bucking allowance　后备长度　07.034

bucking chain saw　造材链锯机　07.280

bucking circular saw　造材圆锯机　07.281

bucking deck　造材台　07.031

bucking percent　造材率　07.033

bucking recovery　造材率　07.033

bunching　归堆　07.039

bunch planting　丛植　02.155

bundle rafting　木捆排运　07.119

burned area　火烧迹地　03.189

burning period　盛燃时期　03.166

burn pattern　火场型　03.159

burst　耐破度　09.371

bush fire　丛林火　03.152

butten　小方材　08.114

butt rot　干基腐　03.036

C

cable conveyor　索式输送机　07.278

cable crane　缆索起重机　07.276

cable-railroad　缆车道　07.089

cable skidder　钢丝绳集材拖拉机，＊索式集材
拖拉机　07.247

cable system　索系　07.059

cableway　[架空]索道　07.056

cableway hauling　[架空]索道运材　07.095

calendering　压光　09.378

caliper　轮尺　04.087

cambium　形成层　08.028

camphene　莰烯　09.150

camphor　樟脑　09.298

camphor wood oil　樟油　09.255

Canada balsam　加拿大香胶　09.278

cant　毛方　08.104

carene　蒈烯　09.149

carnivorus plant　肉食植物　06.091

carpenter ant　木蚁　03.073

carpenter bee　木蜂　03.074

carpenter moth　木蠹蛾　03.072

carpet bed　毛毡花坛　06.080

carriage　跑车　07.057

caryophyllene　石竹烯　09.153

cascade　跌水　06.142

casehardening　表面硬化　08.152

cassia oil　肉桂[皮]油　09.246

catching trestle　拦木架　07.102

catechin　儿茶素　09.214

cedar oil　柏木油　09.249

cedrol　柏木脑　09.265

cell cavity　细胞腔　08.062

cell lumen　细胞腔　08.062

Cellon process　有机溶剂载送法　08.185

cellulose　纤维素　09.012

α-cellulose　α纤维素　09.016

β-cellulose　β纤维素　09.017

γ-cellulose　γ纤维素　09.018

cellulose derivative　纤维素衍生物　09.021

cellulose esters　纤维素酯类　09.022

cellulose ethers　纤维素醚类　09.023

cellulose fiber　纤维素纤维　09.007

cell wall　细胞壁　08.063

cell wall substance　胞壁物质　08.093

cement particle board　水泥刨花板　08.354

cemetery　墓园　06.051

centering　木段定心　08.295

center sawn　径向下锯法　08.125

chain conveyor　链式输送机　07.277

chain of sand dunes　沙丘链　05.097

chain saw　链锯　07.238

chain saw　汽油动力链锯，＊油锯　07.239

charcoal　木炭　09.064

char length　炭化长度　08.212

chebulic acid　柯子酸　09.202

chebulinic acid　柯黎勒酸　09.201

check　干裂　08.157

check dam　谷坊　05.131

checkerboard protection　沙障　05.102

checking [of young plantation]　幼林检查
02.160

check method　检查法，＊稽核法　04.157

chemical cleaning　化学透光伐　02.183

chemical control　化学防治　03.003

chemical-ground pulp　化学磨木浆　09.303

chemical processing of forest products　林产化
学加工学　01.052

chemical [wood] pulp　化学[木]浆　09.302

chestnut extract　栗木栲胶　09.186

children park　儿童公园　06.041

children's playground　儿童游戏场，＊儿童乐园　06.042

Chinese gall　五倍子　09.179

Chinese gall aphid　五倍子虫　03.098

Chinese gallnut　五倍子　09.179

Chinese insect wax　虫白蜡　09.279

Chinese lacquer　生漆，＊大漆　09.277

Chinese tallow　乌桕油　09.263

Chinese tannin　梧子单宁，＊五倍子单宁　09.196

chip　木片　08.362

chip bin　木片料仓　08.474

chip blower　木片风送机　07.291

chipboard　刨花板，＊碎料板　08.346

chip dryer　[刨花]干燥机　08.476

chip grinder　刨花打磨机　08.473

chipless cutting　无屑切削　08.218

chip mark　削片压痕　08.232

chip metering　刨花计量　08.380

chip packing machine　木片打包机　07.292

chipped grain　切削崩痕　08.230

chipping　削片　08.357

chipping edger　削边机　08.412

chipping headrig　削片-锯解联合机　08.411

chip steaming　木片蒸煮　08.336

chip van　木片运输车　07.293

chip washing　木片水洗　08.335

chlorinated lignin　氯化木素　09.032

chlorinated rosin　氯化松香　09.112

chocker　捆木索　07.054

choice of tree species　树种选择　02.127

chute　滑道　07.045

chuting　滑道集材　07.044

cineole　桉油素　09.267

circular saw　圆锯　08.401

clamp　握索器　07.066

classical garden　古典园林　06.021

classification of gravitational erosion　重力侵蚀分级　05.046

class mean sample tree method　分级标准木法　04.076

clean burn　全烧　03.176

cleaning　透光伐　02.165

clear cutting　皆伐　02.195

clear cutting board　净面材　08.109

clearcutting in patches　小块状皆伐　02.198

clearcutting in strips　带状皆伐　02.197

clearing　林中空地　04.191

clear wood　无疵木材　08.009

climbing plant　攀缘植物　06.086

climb milling　顺铣　08.226

clip　握索器　07.066

clipped tree　整形修剪树　06.074

clipper　剪切机　08.428

clipping　剪切　08.300

clonal archive　优树采集区　02.079

clonal seed orchard　无性系种子园　02.070

clonal test　无性系测定　02.078

closed assembly time　闭合陈化时间　08.309

close[d] fire-season　防火封禁季节　03.126

closeness　紧度　09.372

close pile　实楞　07.138

closing the land for reforestation　封山育林　02.221

coarse texture　粗结构　08.056

coast protection forest　沿海防护林　05.106

coating　涂布　09.375

coating　涂饰　08.384

codominant tree　亚优势木　02.175

collapse　崩塌　05.030

collapse　皱缩，＊溃缩　08.155

collapsing hill　崩岗　05.035

collectively owned forest　集体林　04.154

collipress process　箱体成型法　08.378

colophony　松香　09.082

color grades of rosin　松香色级　09.119

color reversion　回色　09.384

combined division method　综合区划法　04.177

combined frame work　折衷平分法　04.130

combined method of thinning　综合疏伐　02.182

combustion phases　燃烧阶段　03.137

combustion process　燃烧过程　03.136

combustion system　燃烧系统　03.135

community park　居住小区花园　06.049

current annual increment　连年生长量 04.012

current yield system　连年作业 04.214

curtain coater　淋涂机 08.449

cut-over area　采伐迹地 04.190

cutter mill　切碎机 08.470

cutting age　主伐年龄，＊伐期龄 04.105

cutting area　伐区 07.006

cutting blank　采伐迹地 04.190

cutting cutter　切条机 07.198

cutting cycle　择伐周期，＊回归年 04.109

cutting interval　择伐周期，＊回归年 04.109

cutting limit　采伐限额 07.011

cutting orchard　采穗圃 02.080

cutting plan　采伐计划 04.161

cutting planter　插条机 07.199

cutting quota　采伐限额 07.011

cutting rotation age　主伐年龄，＊伐期龄 04.105

cutting sequence　采伐顺序 07.007

cutting series　采伐列区 04.173

cutting strip　采伐带 07.008

cutting unit　采伐单元 04.162

cyanidin　花青定 09.218

D

damping-off　猝倒病，＊立枯病 03.012

DBH　胸[高直]径 04.035

dead-and-down　倒木 04.072

deadhead　沉木 07.107

dead standing tree　枯立木，＊站杆 04.071

dead tree　死亡木 02.178

debarker　剥皮机 08.431

debris flow　泥石流 05.036

debris flow erosion　泥石流侵蚀 05.024

decay of living tree　立木腐朽 03.039

deciduous broadleaved forest　落叶阔叶林 01.012

decline disease　衰退病 03.021

decolorized shellac　脱色紫胶片 09.228

decorative veneer　装饰单板，＊装饰薄木 08.289

deep planting auger　深栽钻孔机 07.211

deep ploughing　深耕法 05.084

defibration　纤维分离 08.337

defibrator　热磨机 08.463

defoliator　食叶害虫 03.060

degree of beating　打浆度 09.349

degree of drought　干旱程度 05.050

degree of hydration　水化度 09.351

degree of water erosion　水蚀程度 05.043

degree of wind erosion　风蚀程度 05.093

degree Schopper-Riegler　肖氏打浆度 09.350

dehumidification　除湿干燥 08.138

dehydroabietic acid　脱氢枞酸 09.127

delamination　分层 08.316

delimber　打枝机 07.244

delimber-bucker-buncher　打枝-造材-归堆机 07.260

delphinidin　翠雀定 09.219

dendrology　树木学 01.031

dendrometer　测树器 04.090

dentel　齿形饰 08.262

dentil　齿形饰 08.262

denudation　剥蚀 05.034

description of locality　地况调查 04.184

desert　沙漠 05.089

desertification　荒漠化 05.087

desertization　沙漠化 05.095

design in detail　详细设计 06.097

devillicate　分丝 09.356

dewatering　木材出河 07.129

dewinger　去翅机 07.183

dextropimaric acid　[右旋]海松酸 09.130

diameter at breast height　胸[高直]径 04.035

diameter class　检尺径 07.151

diameter class　径阶，＊径级 04.040

diameter distribution　直径分布 04.070

diameter-gauge　轮尺 04.087

diameter grade　径阶，＊径级 04.040

diameter-height curve　树高曲线 04.078

diameter inside bark　去皮直径 04.037

diameter limit selection cutting　径级择伐

02.209

diameter outside bark　带皮直径　04.036

diameter rounding　直径整化范围，＊直径括
　约数　04.041

diameter tape　围尺，＊直径卷尺　04.088

diamonding　菱形变形　08.165

DIB　去皮直径　04.037

die-back　枯梢病　03.008

difference method　较差法　04.122

diffuse canker　扩展性溃疡　03.029

diffuse porous wood　散孔材　08.040

diffuser washing　扩散洗涤　09.345

diffusion process　扩散法　08.178

digester cycle　蒸煮周期　09.346

dihydroabietic acid　二氢枞酸　09.128

dihydroisopimaric acid　二氢异海松酸
　09.136

dihydropimaric acid　二氢海松酸　09.135

dimensional stability　尺寸稳定性　08.170

dinkey　森铁机车　07.264

dipentene　双戊烯，＊松油精　09.144

dipentene resin　双戊烯树脂　09.168

dipinene　双蒎烯　09.145

dipping　浸渍　08.188

dipping　刮脂　09.097

direct painting　直接印刷　08.390

direct seeding　播种造林，＊直播造林
　02.144

dirt chute　土滑道　07.046

disconnected truck　森铁台车　07.265

displacement bleaching　置换漂白　09.343

displacement washing　置换洗涤　09.344

disproportionated rosin　歧化松香　09.108

distortion　翘曲　08.164

district park　区公园　06.034

diverting water for sluicing sand　引水拉沙
　05.142

division into annual coupes　区划轮伐法
　04.118

DOB　带皮直径　04.036

dodder　菟丝子　03.025

dominant height　优势木高度　04.079

dominant tree　优势木　02.174

dominant tree species　优势树种　02.051

double-diffusion process　双扩散法　08.179

double Rueping process　二次循环法　08.183

double vacuum process　双真空法　08.180

dovetail joint　燕尾榫接合　08.245

dovetail tenon　燕尾榫，＊鸠尾榫　08.256

dowelling joint　销接　08.243

dowel pin　暗销　08.253

down milling　顺铣　08.226

Doyle log rule　多伊尔原木板积表　04.141

drag saw　狐尾锯　08.409

drainability　滤水性　09.381

drainage ditch on slope　山坡截流沟　05.126

dregs　绿泥　09.335

drilling machine　钻孔机　08.425

drill sowing　条播　02.105

drought　干旱　05.049

drug store beetle　窃蠹　03.068

drum sanding　滚筒砂光机　08.458

drying defect　干燥缺陷　08.151

drying schedule　干燥基准　08.148

drying stress　干燥应力　08.149

dry line　水线　09.380

dryness　干度　09.364

dry-process　干法　08.332

dry prunning　修干枝　02.188

dry shrinkage　干缩　08.154

dry wood beetle　粉蠹　03.067

dubbing　板边欠厚　08.383

dumping　推河　07.097

dune　沙丘　05.096

dune fixation afforestation　固沙造林　05.108

duration of fire resistance　阻燃时间　08.214

Dutch elm disease　榆树荷兰病　03.020

dwarf mistletoe　矮槲寄生　03.024

E

early wood　早材　08.010

earth auger　挖坑机　07.210

earth debris flow　泻溜　05.033

earth fall　土崩　05.032

earth kiln 土炭窑 09.077

earth work 土方工程 06.114

economical maturity 经济成熟 04.233

economic volume 经济蓄积 04.166

ectendotrophic mycorrhiza 内外生菌根 03.056

ectomycorrhiza 外生菌根 03.054

edge bend 侧弯 08.167

edger 裁边锯，＊齐边机 08.403

electric powered chain saw 电动链锯，＊电锯 07.240

elementary fibril 原纤丝 09.006

elevation 立面图 06.102

elite tree 精选树 02.062

ellagic acid 鞣花酸 09.206

ellagitannin 鞣花单宁 09.198

elliotinoic acid 湿地松酸 09.133

emblic extract 油柑栲胶 09.185

embossing 浮雕 08.264

empirical yield table 经验收获表，＊现实收获表 04.099

empty-cell process 空细胞法 08.176

endangered species 濒危种 03.206

end check 端裂 08.159

endemic species 特有种 03.208

end grain cutting 端向切削 08.222

endless cable system 循环式动力索道 07.067

end milling 端铣 08.228

endocamphene 内莰烯 09.146

endomycorrhiza 内生菌根 03.055

energy equilibrium in forest 森林能量平衡 02.005

energy forest 能源林 01.021

environmental greening 环境绿化 06.020

epicatechin 表儿茶素 09.213

epigallocatechin 表棓儿茶素 09.215

epilaccishelbolic acid 表紫胶壳脑酸 09.237

epilaksholic acid 表壳脑醇酸 09.238

epiphyte 附生植物 06.092

epithelial cell 分泌细胞 08.054

equilibrium moisture content 平衡含水率 08.079

erosion basis 侵蚀基准面 05.047

erosion modulus 侵蚀模数 05.045

espalier 篱架式整枝 06.077

essential oil 精油 09.242

eucalyptol 桉叶脑 09.266

eucalyptus oil 桉叶油 09.251

evenaged forest 同龄林 01.026

evergreen broadleaved forest 常绿阔叶林 01.013

examination method 检查法，＊稽核法 04.157

excelsior 木丝 08.365

excessive felling 过伐 04.168

exclusive green space 专用绿地 06.031

exotic plant 外来植物 06.087

expectation value of forest 森林期望价 04.234

experimental form factor 实验形数 04.055

extensive forestry 粗放林业 01.059

extensive selection cutting 径级择伐 02.209

extrusion coater 挤涂机 08.450

F

face joint 材面接合 08.238

face veneer 表板 08.290

false ring 伪年轮 04.085

famous site 名胜 06.025

fancy veneer 装饰单板，＊装饰薄木 08.289

farmland shelter-belt 农田防护林 05.107

fast beating 游离状打浆 09.366

fast-growing and high-yield plantation 速生丰产林 01.006

feed yeast 饲料酵母 09.059

felled tree 伐倒木 07.015

feller 伐木机 07.242

feller-buncher 伐木-归堆机 07.256

feller-delimber-bucker-buncher 伐木-打枝-造材-归堆机 07.259

feller-delimber-buncher 伐木-打枝-归堆机 07.258

feller-skidder 伐木-集材机 07.257

felling 伐木 07.016

felling axe 伐木斧 07.020

felling cut 上[锯]口，* 上楂 07.023

felling licence 采伐许可证 07.010

felling machine 伐木机 07.242

felling machinery [森林]采伐机械 07.237

felling saw 伐木锯 07.021

felling season 采伐季节 07.009

felling series 采伐列区 04.173

felting 铺装 08.371

felting machine 铺装机 08.480

felt side 毛布面 09.379

fennel oil 小茴香油 09.245

fiber board 纤维板 08.327

fiber bundle 纤维束 09.347

fiber classification 纤维分级 08.341

fiberizing 纤维分离 08.337

fiber particleboard 纤维刨花板 08.351

fiber refining 纤维精磨 08.338

fiber saturation point 纤维饱和点 08.080

fiber sticking 粘板 08.344

fibril 纤丝 09.008

fibrillation 帚化，* 纤丝化 09.010

filling and sowing equipment for containerset
容器育苗装播机 07.207

film adhesive 胶膜[纸] 08.293

final felling 主伐 02.193

final income 伐期收入，* 主伐收入 04.248

financial maturity 理财成熟，* 财政成熟
04.232

fine fuels 细小可燃物 03.134

fine texture 细结构 08.055

finger joint 指形接合 08.246

finishing 涂饰 08.384

fire barrier 防火障 03.128

fire behavior 火势，* 火行为 03.162

fire belt 防火带 03.125

fire control station 防火站 03.122

fire danger 火险 03.102

fire danger division 火险区 03.106

fire danger index 火险指标 03.108

fire danger rating 火险级 03.109

fire danger season 火险期 03.103

fire danger weather 火险天气 03.104

fire detection by satellite remote sensing 卫星
探火 03.114

fire district 防火区 03.121

fire ecology 火生态 03.160

fire edge 火缘 03.156

fire frequency 火险频度 03.107

fire head 火头 03.154

fire intensity 火强度 03.163

fire patrol 林火巡护员 03.119

fire plow 防火犁 07.228

fire rear 火尾 03.155

fire retardant 阻燃剂 03.188

fire-retarding of wood 木材阻燃 08.209

fire risk map 火险图 03.110

fire scar 火疤 03.171

fire severity 火烈度 03.164

fire spread 火蔓延 03.153

fire storm 火暴 03.151

fire suppression 扑火 03.180

fire trench 防火沟 03.124

fire weather forecast 火险天气预报 03.105

fire whirl 火旋风 03.158

firewood forest 薪炭林 01.020

fisetinidin 菲瑟定 09.220

fish scale pit 鱼鳞坑 05.074

fixed dune 固定沙丘 05.092

flake 大片刨花 08.361

flake board 大片刨花板 08.352

flaker 刨片机 08.471

flaking 刨片 08.358

flank fire 侧面火，* 火翼 03.144

flank fire suppression 侧面扑火 03.185

flatheaded borer 吉丁虫 03.066

flat sawing 弦向下锯法 08.124

flavanol 黄烷醇 09.223

flavonoid 黄酮类化合物 09.222

flitch [单板刨切]木方 08.281

floating 单漂流送，* 赶羊流送 07.100

floating channel realignment [流送]河道整治
07.108

flocculate 絮浆 09.374

flower bed 花坛 06.079

flower border 花境 06.081

flower hedge 花篱 06.073

flume 水滑道 07.048

flying cut-off saw 板坯横截锯 08.466

fodder yeast 饲料酵母 09.059

folding endurance 耐折度 09.365

fore-and-aft road 木板道 07.093

forest 森林 01.001

forest aerial survey 森林航空调查 04.026

forest animals 森林动物 03.200

forestation 造林 02.083

forest biology 森林生物学 01.035

forest by-product 林副产品 04.183

forest canopy 林冠层 02.026

forest category 林种 01.016

forest chemical products 林产化学产品，＊林化产品 09.001

forest climate 森林气候 02.023

forest community 森林群落 02.042

forest coverage 森林覆盖率 01.055

forest cultivation machinery 森林抚育机械 07.221

forest depot 集材场，＊山上楞场 07.077

forest division 森林区划 04.174

forest ecology 森林生态学 01.036

forest economics 林业经济学 01.037

forest economy 林业经济 01.064

forest ecosystem 森林生态系统 02.001

forest effect 森林效益 01.056

forest engineering 林业工程学 01.050

forest engineering 森林采运工程 07.002

forest enterprise 林业局 04.169

forest entomology 森林昆虫学 01.042

forest environment 森林环境 02.013

forest exploitation 森林开发 07.003

forest farm 林场 04.170

forest fire 林火 03.100

forest fire communication system 林火通讯系统 03.129

forest fire destructive power 林火破坏力 03.161

forest fire detection 林火探测 03.112

forest fire-fighting caravan 森林消防车 07.233

forest fire management 林火管理 03.173

forest fire prevention 林火预防 03.116

forest fire prognosis and prediction 林火预测预报 03.101

forest fire size class 林火等级 03.165

forest floor 死地被物，＊林褥 02.035

forest form 林相 02.010

forest for special use 特种用途林 01.022

forest genetics 森林遗传学 01.038

forest-grass measures for soil and water conservation 水土保持林草措施 05.085

forest harvesting 森林采伐 07.005

forest harvesting combine [森林]采伐联合机 07.255

forest harvesting simulation model 森林收获模拟模型 04.260

forest highway 林区公路 07.092

forest humus 森林腐殖质 02.036

forest hydrology 森林水文 02.027

forest industry 森林工业 01.061

forest insect 森林昆虫 03.057

forest inventory 森林调查，＊森林清查 04.001

forest inventory by using sampling method 森林抽样调查 04.023

forest land 有林地 04.186

forest land amelioration 林地土壤改良 05.117

forest limit 森林线，＊森林界限 02.058

forest line 森林线，＊森林界限 02.058

forest management 森林经理学 01.044

forest management 森林经营 01.062

forest management inventory 森林经理调查，＊二类调查 04.002

forest management plan 森林经营方案，＊森林施业案 04.249

forest management rules 森林经理规程 04.156

forest map 森林分布图 04.268

forest mapping 森林成图 04.265

forest maturity 森林成熟 04.223

forest mensuration 森林测计学，＊测树学 01.043

forest meteorology 森林气象学 01.033

forest nursery 森林苗圃 02.095

forest operational inventory 作业调查，＊三

类调查 04.003

forest park 森林公园 06.019

forest pathology 森林病理学 01.041

forest plantation 人工林 01.005

forest policy 林业政策 01.063

forest protection 森林保护 03.001

forest protection machinery 森林保护机械 07.226

forest railroad 森林铁路 07.088

forest railroad transportation 森铁运材 07.087

forest rake 枝桠推集机 07.195

forest range 营林区，＊作业区 04.172

forest recreation 森林游乐 06.018

forest regeneration from seeds 森林种子更新 02.211

forest resource archives 森林资源档案 04.263

forest resource code 森林资源代码 04.266

forest resource data base 森林资源数据库 04.258

forest resource information system 森林资源信息系统 04.252

forest resource record 森林资源档案 04.263

forest resources 森林资源 01.054

forest resources evaluation system 森林资源评价系统 04.261

forest road 林道 07.081

forest road density 林道密度 07.083

forest road network 林道网 07.082

forestry 林业 01.053

forestry 林学 01.030

forestry gantry crane 林用龙门起重机 07.274

forestry history 林业史 01.045

forestry land 林[业用]地 04.185

forestry machinery 林业机械 07.173

forestry overhead travelling crane 林用装卸桥 07.275

forestry planning system 林业计划体系 04.155

forestry railroad car 森铁台车 07.265

forestry regulation 林业法规 01.065

forest science 林学 01.030

forest soil 森林土壤 02.033

forest soil science 森林土壤学 01.034

forest statics 森林较利学 04.247

forest transition stability 森林转移稳定性 04.206

forest tree breeding 林木育种学 01.039

forest tree improvement 林木改良 02.060

forest tree improvement 林木育种学 01.039

forest tree seed 林木种子 02.087

forest type 林型 02.043

forest utilization 森林利用学 01.049

forest valuation 森林评价，＊林价算法 04.245

forest value 林价，＊立木价 04.246

forest working plan 森林经营方案，＊森林施业案 04.249

formal style 规则式 06.065

former 成型机 08.479

form exponent 形状指数 04.029

form factor 形数 04.052

form height 形高 04.060

forming machine 成型机 08.479

form quotient 形率 04.056

formula method of periods by area and volume combined 数式平分法 04.124

formula of forest condition 林况公式 04.159

fortified rosin 强化松香 09.107

forwarder 集运机 07.250

foundation planting 基础种植 06.067

fountain 喷泉 06.120

fourdrinier machine 长网成型机 08.465

four-faced sawing 四面下锯法 08.127

four-side tree planting 四旁植树 02.086

frame saw 框锯 08.399

frame unloader 架杆兜卸机 07.270

frame work method 平分法，＊分期法 04.127

free beating 游离状打浆 09.366

free water 自由水 08.077

freeze-thaw erosion 冻融侵蚀 05.041

fret saw 钢丝锯 08.408

frost cleft 冻裂 02.025

frost cracking 冻裂 02.025

frost heaving 冻拔 02.024

frozen road　冻板道　07.094

fruit hedge　果篱　06.072

fuel moisture content　可燃物含水量　03.131

fuel type　可燃物类型　03.132

fuel wood　薪材，＊烧材　07.172

fuelwood forest　薪炭林　01.020

full-cell process　满细胞法　08.175

fully regulated forest　完全调整林　04.211

fully stocked　完满立木度　04.083

fully stocking percent　完满立木度　04.083

fungus garden　菌圃　03.087

furfural　糠醛　09.057

furnishes　供料，＊来料　08.372

furniture beetle　窃蠹　03.068

furrow and ridge tillage　沟垄耕作　05.079

fuzzy grain　毛刺　08.229

G

galactoglucomannan　半乳葡甘露聚糖　09.048

gall aphid　球蚜　03.063

gallery　廊　06.122

gallery　小蠹坑道　03.077

gallery pattern system　坑道系统　03.078

gallic acid　棓酸，＊五倍子酸　09.199

gallocatechin　棓儿茶素　09.212

gall rust　瘤锈病　03.013

game　狩猎　03.209

game area　狩猎场　03.212

game law　狩猎法　03.210

gap　离缝　08.317

garden　花园　06.033

garden art　园林艺术　06.004

garden making　造园　06.010

garden structure　园林建筑　06.007

gasoline powered chain saw　汽油动力链锯，＊油锯　07.239

generalized normal forest　广义法正林，＊一般法正林　04.203

general plan　总体规划图　06.014

general volume table　二元材积表　04.136

genetic resources　基因资源　03.194

Gentan probability method　减反率法　04.208

glancing boom　诱导漂子　07.101

glucan　葡聚糖　09.040

glucosan　葡聚糖　09.040

glucuronoxylan　葡糖醛酸木聚糖　09.051

glue ball　胶团　08.382

glue blending　施胶　08.370

glue coater　涂胶机　08.447

glued joint　胶接　08.240

glue sprayer　喷胶机　08.478

glue spreader　涂胶机　08.447

glue spreading　涂胶　08.305

glue stain　胶斑　08.322

gobi　戈壁　05.099

grading　分等　08.314

grapple skidder　抓钩集材拖拉机　07.248

grass waterway　草皮泄水道　05.135

gravitational erosion　重力侵蚀　05.027

gravity skyline system　无动力索道　07.068

green area　绿地　06.012

green cover percentage　绿地覆盖率　06.100

greening　绿化　06.011

green liquor　绿液　09.337

green prunning　修活枝　02.189

green space　绿地　06.012

green wood　生材　08.006

groover　开槽机　08.427

grooving saw　开槽锯　08.406

ground cover plant　地被植物　06.095

ground fire　地下火　03.141

ground sliding　串坡　07.040

ground vegetation　活地被物层　02.050

groundwood pulp　磨木浆　09.304

group-selection cutting　群状择伐　02.210

group-shelterwood cutting　块状渐伐　02.206

group spacing　群状配置　02.132

grove　树丛　06.082

growing stock　立木蓄积[量]　04.065

growth function　生长函数　04.016

growth method　生长量法　04.150

growth model　生长模型　04.021

growth percentage　生长率　04.015

growth ring　生长轮　08.038

growth stress　生长应力　08.017

guaiac wood oil　愈创木油　09.257

gully density　沟壑密度　05.057

gully erosion　切沟侵蚀　05.016

gully erosion control forest　沟道防护林　05.113

gully head protection　沟头防护　05.129

gum arabic　阿拉伯胶　09.286

gum benzoin　安息香树胶　09.281

gum canal　树胶道-　08.033

gum duct　树胶道　08.033

gum rosin　脂松香　09.084

gum turpentine　脂松节油　09.091

gun-injection process　枪注法　08.186

gutta percha　杜仲胶　09.288

gutter　导脂器　09.105

guy line　绷索　07.063

H

hack　割脂刀　09.099

hair check　细裂　08.160

hair crack　细裂　08.160

half bordered pit [pair]　半具缘纹孔[对]　08.068

half-mature forest　中龄林　04.241

half-round wood　半圆材　08.107

half stuff　半浆　09.353

hammer mill　锤式碎木机　08.469

hanging garden　架空园，＊悬园　06.060

hang-up tree　搭挂树　07.028

Hanzlik's formula　汉兹利克公式　04.125

hard beating　重刀打浆　09.354

hardboard　硬质纤维板　08.328

hardwood　阔叶树材　08.003

Hartig net　哈迪网　03.032

harvest cutting　主伐　02.193

haulback line　回空索　07.062

hauling up logs from water　木材出河　07.129

haul line　牵引索　07.061

head fire　顺风火　03.148

heading back　抹头　06.110

headrig　主锯　08.405

head saw　主锯　08.405

headward erosion　溯源侵蚀　05.017

heart rot　心材腐朽　03.040

heartwood　心材　08.013

heavy turpentine　重[质松节]油　09.174

hedge　植篱　06.071

hedge cutter　树篱修剪机　07.225

heel in　假植　02.117

height class volume table　树高级立木材积表　04.137

height curve　树高曲线　04.078

helicopter logging　直升机集材　07.073

helicopter-mounted broadcaster　飞机种子撒播机　07.220

helitack crew　机降灭火队　03.120

helitanker　直升机灭火装置　07.232

hemicellulose　半纤维素　09.013

hexosan　己聚糖　09.042

H factor　H 因子　09.330

high-density particleboard　高密度刨花板　08.350

high forest　乔林　01.007

high-frequency drying　高频干燥　08.143

high lead yarding　绞盘机集材　07.051

high speed cooking　快速蒸煮　09.338

high-temperature drying　高温干燥　08.144

high yield pulp　高得率浆　09.313

hill making　筑山　06.115

himachalene　雪松烯　09.154

historical garden　古代园林，＊历史园林　06.022

historic relic　古迹　06.026

historic site　古迹　06.026

hog[ger]　碎木机，＊粉碎机　08.468

hogging　木材破碎　08.356

holding wood　留弦　07.025

hole planting　穴植法　02.152

hollow-core board　空心细木工板　08.277

holocellulose　综纤维素　09.011

home garden　宅园　06.062

honeycombing　蜂窝裂　08.163

horizontal ditch　水平沟　05.076

horizontal grilled dam　格栅坝　05.137

horntail　树蜂　03.075

hot and cold bath process　热冷槽法　08.177

hot press · 热压机　08.454

hot pressing　热压　08.311

house garden　室内花园　06.063

house plant　室内植物　06.088

Huber's formula　胡伯尔求积式，＊中央断面
积求积式　04.032

humidification　增湿　08.342

humidifier　增湿机　08.467

hunting　狩猎　03.209

hunting licence　狩猎证　03.214

hunting season　狩猎期　03.211

hunting tackles　猎具　03.215

hunt units　围猎　03.218·

hydrated cellulose　水化纤维素　09.020

hydraulic log loading boom　[木材]液压起重臂
07.271

hydrogenated rosin　氢化松香　09.111

hydrolysable tannin extract　水解类栲胶
09.181

hydrolysable tannin　水解类单宁　09.195

hydrolytic lignin　水解木素　09.056

hydroxymethyl furfural　羟甲基糠醛　09.058

hygrophilous tree species　湿生树种　02.021

hygroscopicity　吸湿性　09.361

hygro-stability　湿稳性　09.369

hypsometer　测高器　04.089

hysteresis　滞后现象　08.083

I

impreg　浸胶木　08.394

impregnatability　浸注性　08.189

impression　刻槽　03.088

improved wood　改性木　08.392

improvement of stand condition　垦复　02.191

incipient decay　初期腐朽　03.043

incising　刻痕　08.187

inclined cutting　斜角切削　08.224

increment borer　生长锥　04.086

indicating percent　指率　04.236

indigenous tree species　乡土树种　02.054

indirect fire suppression　间接扑火　03.183

indoor garden　室内花园　06.063

indoor plant　室内植物　06.088

informal style　不规则式　06.066

infrared fire detector　红外探火仪　07.229

ingrowth　进界生长　04.018

inhibition　化学灭火　03.187

initial harvest　初始采伐量　04.112

initial volume　期初蓄积　04.165

ink absorption　吸墨性　09.370

in-place inventory　小班调查　04.181

inscribed tablet　匾额　06.135

insulation board　软质纤维板　08.330

integral agroforestry ecosystem　农林复合生态
系统　02.003

integrated control　综合防治　03.005

integrated pest management　病虫害综合治理
03.006

integrated veneer　集成单板，＊集成薄木
08.288

intensity of water erosion　水蚀强度　05.044

intensity of wind erosion　风蚀强度　05.094

intensive forestry　集约林业　01.060

intensive selection cutting　经营择伐　02.208

interfelting　交织　08.343

intergrated division method　综合区划法
04.177

interlocked grain　交错纹理　08.059

intermediate cutting　抚育采伐　02.164

intermediate decay　中期腐朽　03.044

intermediate landing　中间楞场　07.096

intermediate revision　小复查　04.251

intermediate support　鞍座　07.058

intermediate tree　中等木　02.176

intermittent furrow planter　间断开沟植树机
07.214

intermittent working　隔年作业　04.213

internal gas-heated retort　内热[干馏]釜
09.079

international log rule 国际原木板积表 04.142

intolerant tree species 喜光树种，＊阳性树种 02.016

introduction of exotic species 林木引种 02.066

inventory of log yard 贮木场库存量 07.125

irregular style 不规则式 06.066

irrigation with torrential flood 引洪漫地

J

jalaric acid 壳脑醛酸 09.239

joining rafts 合排 07.111

jointer 整边机 08.429

05.141

isoborneol 异龙脑 09.177

isogeraniol 异香叶醇 09.275

isolongifolene 异长叶烯 09.272

isolongifolic acid 异长叶酸 09.273

isomanoene 异泪柏烯 09.274

isopimarane 异海松烷 09.166

isopimaric acid 异海松酸 09.131

jointing 拼接 08.237

juvenile wood 幼龄材 08.004

K

kauri gum 贝壳杉胶 09.240

kauri oil 贝壳杉油 09.241

key 键 08.252

keyed joint 键接 08.241

kiln-dried timber 窑干材 08.146

kiln schedule 干燥基准 08.148

kinds of forest fire 林火种类 03.138

Klason lignin 克拉松木素 09.044

knot 节子 08.032

knot rot 节腐 03.026

kraft lignin 硫酸盐木素 09.045

kraft pulp 硫酸盐浆 09.305

Kraft's tree classification 克拉夫特分级法 02.173

kuromoji oil 钓樟油 09.260

K value 高锰酸钾值 09.328

L

lac 紫胶 09.224

lac acid 紫胶酸 09.231

lacca 紫胶虫 09.229

laccaic acid 紫胶色酸 09.233

laccase 漆酶 09.296

laccifer lacca 紫胶虫 09.229

laccijalaric acid 紫胶壳脑醛酸 09.235

laccishellolic acid 紫胶壳脑酸 09.236

laccol 漆酚 09.295

lac dye 紫胶色素 09.234

lacquer wax 漆蜡 09.297

lac wax 紫胶蜡 09.232

laminated veneer lumber 单板层积材 08.275

laminated wood 层积材 08.274

land expectation value 土地期望价 04.231

landing 装车场 07.078

land reclamation 国土整治 05.061

land resource 土地资源 05.064

landscape architecture 园林学 01.047

landscape design 风景设计 06.009

landscape engineering 园林工程 06.006

landscape planning 风景规划 06.008

landslide 滑坡 05.031

larch extract 落叶松栲胶 09.189

large area clearcutting 大面积皆伐 02.196

large fire control 大火控制 03.181

larvae gallery 子坑道 03.082

lateral erosion 侧向侵蚀 05.019

late wood 晚材 08.011

lath 灰板条 08.116

lathe　木工车床　08.419

lathe　旋切机　08.432

latticed dune　格状沙丘　05.098

launching　推河　07.097

launching site　推河楞场　07.098

laurolanic acid　樟烷酸　09.271

laurolene　樟烯　09.269

laurolenic acid　樟烯酸　09.270

lawn　草坪　06.068

lawn plant　草坪植物　06.096

layered pile　层楞　07.139

lay-up　组坯　08.306

lay-up machine　组坯机　08.452

LD$_{50}$　半致死剂量　08.206

leachability　渗出性　08.194

leaching　淋失　02.032

leaching erosion　淋洗侵蚀　05.026

leaking window　漏窗　06.129

leave　留弦　07.025

lemon oil　柠檬油　09.258

length class　检尺长，＊长级　07.152

lethal dosage 50%　半致死剂量　08.206

level bench　水平阶　05.075

level trench　水平沟　05.076

levopimaric acid　左旋海松酸　09.125

liberation cutting　解放伐　02.169

lifting [of seedlings]　起苗　02.116

light burn　轻度火烧　03.167

light cutting　受光伐　02.202

lightning detection system　自动雷电探测系统　03.115

lightning fire　雷击火　03.142

light wood　明子　09.088

light wood　充脂材　09.089

lignan　木酚素，＊木脂素　09.035

lignification　木质化　09.034

lignified fiber　木质化纤维　09.004

lignin　木素，＊木质素　09.026

lignin-carbohydrate complex　木素-碳水化合物复合体　09.043

lignin precursor　木素原体　09.025

lignol　木质醇　09.036

lignolysis　木素分解　09.033

limited range provenance trial　局部分布区产地试验　02.075

limit of fire resistance　耐火极限　08.211

limonene　苧烯　09.155

linalool　芳樟醇　09.268

linear erosion　线状侵蚀　05.020

line sampling　线抽样　04.004

litsea citrata oil　山苍子油　09.244

litsea cubeba oil　山苍子油　09.244

litter　枯枝落叶层　02.034

live burning　活烧　03.172

living fire break　防火植物带　03.127

living resources　生物资源　03.195

loader and unloader　装卸机　08.455

loading winch　装车绞盘机　07.252

loading without car stake　无车立柱装车法　07.145

local volume table　一元材积表，＊地方材积表　04.135

local yield table　地区收获表　04.098

lodged tree　搭挂树　07.028

loft　阁　06.126

log　原木　07.013

log allotment　木材调拨，＊木材支拨　07.146

log assortment　材种　07.156

log barking　原木剥皮　08.118

log bundle　原木捆　07.133

log carriage　原木跑车　08.410

log charging　木段装机　08.296

log cooking　原木蒸煮　08.294

log ejecter　抛木机　07.283

log fork-lift truck　木材叉车　07.273

log for rail-road tie　枕木　07.165

logging　森林采运　07.001

logging camp　伐木场　07.017

logging engineering　森林采运工程　07.002

logging headquarter　伐木场　07.017

logging locomotive　森铁机车　07.264

logging machinery　[森林]采运机械，＊木材生产机械　07.234

logging machine system　[森林]采运机械系统　07.236

logging mechanization　[森林]采运机械化　07.235

logging operation　采伐作业　07.012

logging slash　采伐剩余物　07.036

logging sledge　[集材]橇，*[集材]爬犁　07.043

logging tractor　集材拖拉机　07.246

logging trailer　运材挂车　07.263

log grade　木材等级　07.153

log handling and conveying machinery　木材起重输送机械　07.268

log hauling machinery　运材机械　07.261

log kicker　抛木机　07.283

log land transportation　木材陆运　07.080

log-length logging　原木集材　07.074

log loader　木材装载机　07.272

log loading　木材装车　07.143

log mark　号印　07.154

log pile　楞堆　07.137

log pile area　楞区　07.126

log pond　贮木池　07.128

log preservation and management　木材保管　07.142

log rough rounding　原木整形　08.119

log scaling　木材检尺　07.149

log sorting　选材　07.134

log stack　楞堆　07.137

log standard　木材标准　07.150

log steaming　原木蒸煮　08.294

log storage　木材贮存　07.127

log transportation　运材　07.079

log transportation by truck　汽车运材　07.090

log transportation by water　木材水运　07.099

log truck　运材汽车　07.262

log type　材种　07.156

log volume　原木材积　04.046

log volume table　原木材积表　04.139

log yard　贮木场　07.123

longhorn beetle　天牛　03.064

longicyclene　长叶环烯　09.160

longifolene　长叶烯　09.147

longipinane　长叶蒎烷　09.148

longipinene　长叶蒎烯　09.159

longitudinal boom　顺河绠　07.106

longitudinal cutting　纵向切削　08.219

longitudinal erosion　纵向侵蚀　05.018

lookout tower　瞭望塔　03.123

loosened grain　松散纹理　08.057

loss of soil nutrient　土壤养分流失　05.039

low-density particleboard　低密度刨花板　08.348

low pressure short cycle processing　低压短周期工艺　08.391

low thinning　下层疏伐　02.179

low yield pulp　低得率浆　09.314

lumber　成材　08.101

lumber-core board　细木工板　08.276

lumber dry kiln　木材干燥窑　08.416

lumbering　制材　08.098

lumbering machinery　制材机械　08.397

lumber product　制材产品　08.099

LVL　单板层积材　08.275

M

machilus oil　楠木油　09.256

main line　牵引索　07.061

main road　运材干线　07.084

main storey　主林层　02.046

maleated rosin　马来松香　09.110

management archives of forest farm　林场经营档案　04.264

management by compartment　林分经营法，*林分经济法　04.132

management class　经营类型，*作业级　04.222

management selection cutting　经营择伐　02.208

mango gum　芒果胶　09.280

mangrove extract　栲树栲胶　09.182

mangrove forest　红树林　01.015

man-made forest　人工林　01.005

manual skidding　人力集材　07.041

marking hammer　号锤　07.155

mass fire　大火团　03.157

master plan　总体规划图　06.014

mast timber　桅杆材　07.171

matching species with the site 适地适树 02.128

material cycling in forest 森林物质循环 02.004

Matsumura pine scale 松干蚧 03.096

mature forest 成熟林 04.243

mature wood 成年材，* 成熟材 08.005

maturity of largest labor productivity 劳动生产率最高成熟 04.235

maturity of maximum forest net income 纯收益最大成熟 04.230

maturity of the highest income 纯收益最大成熟 04.230

MDF 中密度纤维板 08.331

mean annual increment 平均年生长量 04.013

mean tree method 平均标准木法 04.075

measuring for bucking 量尺 07.032

mechanical pulp 磨木浆 09.304

mechanical thinning 机械疏伐 02.181

median gutter 中沟 09.102

medium density fiberboard 中密度纤维板 08.331

medium−density particleboard 中密度刨花板 08.349

memorial park 纪念公园 06.043

merchantable log 商品材 07.157

merchantable volume [经济材]出材量 04.146

mesophilous tree species 中生树种 02.022

metal foil overlay 金属箔贴面 08.389

method of control 检查法，* 稽核法 04.157

method of forestation 造林方法 02.143

method of mean sample tree 平均标准木法 04.075

method of regulating yield [by comparing actual with normal 法正蓄积法，* 数式法 04.120

method of soil preparation 整地方法 02.138

method of yield regulation 收获调整法 04.110

microcrystalline cellulose 微晶纤维素 09.015

microfibril 微纤丝 09.009

micro−veneer 微薄木 08.286

microwave drying 微波干燥 08.140

midcycle data updating 期中数据更新 04.255

mid−diameter 中央直径 04.039

middle lamella 胞间层 08.064

mild humus 细腐殖质 02.038

milled wood lignin 磨木木素 09.029

milling machine 木工铣床 08.420

mill pond 贮木池 07.128

mill run [原木]出材量 08.133

mimosa extract 荆树栲胶 09.188

mineral cycling in forest 森林物质循环 02.004

mine timber 坑木 07.166

miniature landscape 盆景 06.064

minimum−damage fire−control theory 最小损失防火理论 03.117

minor road 运材支线 07.085

miss cut lumber 跑锯材 08.112

mistletoe 槲寄生 03.023

mixed forest 混交林 01.025

mixture plantation 人工混交林 02.133

mobile yarder 自行式绞盘机 07.254

moderate burn 中度火烧 03.168

modern garden 现代园林 06.023

modified wood 改性木 08.392

moisture gradient 含水率梯度 08.150

molder 成型铣床 08.421

money yield table 货币收获表 04.102

moon gate 月洞门 06.128

mopping up 清理火场 03.190

mor 粗腐殖质 02.037

mortality 枯损量 04.218

mortality model 枯损模型 04.022

mortarless stone check dam 干砌石谷坊 05.133

mortar stone check dam 浆砌石谷坊 05.134

mortice and tenon joint 榫槽接合 08.242

mortiser 凿孔机 08.424

mother gallery 母坑道 03.083

mottled rot 斑腐 08.201

moulded plywood 成型胶合板 08.270

moulding 线角 08.259

mountain and water garden　山水园　06.028

mowing　剪草坪　06.111

mud　白泥　09.339

mudflow　泥流　05.025

mulching　覆盖　02.108

mull　细腐殖质　02.038

multistage bleaching　多段漂白　09.342

multi-storied stand　复层林分　01.029

mutualistic symbiosis　互惠共生　02.041

mycorrhizae　菌根　03.052

mycorrhizal fungi　菌根真菌　03.053

myrcene　香叶烯　09.152

myrica extract　杨梅栲胶　09.190

N

nailed joint　钉接　08.239

nanmu oil　楠木油　09.256

national forest　国有林　04.151

national forest area　国有林区　04.152

national park　国家天然公园　06.017

native fiber　天然纤维　09.003

native lignin　天然木素　09.027

native tree species　乡土树种　02.054

natural differentiation　自然分化　02.170

natural division method　自然区划法　04.175

natural erosion　自然侵蚀　05.007

natural forest　天然林　01.004

natural monument　天然纪念物　06.027

natural park　自然公园　06.016

natural resin　天然树脂　09.276

natural resources　自然资源　03.193

natural seasoning　自然干燥，* 气干　08.136

nature reserve　自然保护区　03.196

near-mature forest　近熟林　04.242

needle cast　落针病　03.011

needle rust　针叶锈病　03.014

neighbourhood garden　街坊花园　06.035

neoabietic acid　新枞酸　09.124

net retention　净保持量　08.191

neutral sulphite semichemical pulp　中性亚硫酸
盐半化学浆　09.310

Newton's formula　牛顿求积式　04.030

nitrocellulose　硝酸纤维素　09.019

nitrolignin　硝化木素　09.030

non-forestry land　非林地　04.193

non-stocked land　无林地　04.189

non-timber product forest　经济林　01.019

non-wood based panel　非木材人造板
08.268

normal age-class arrangement　法正龄级分配
04.198

normal age-class distribution　法正龄级分配
04.198

normal distribution of stand　法正林分排列
04.199

normal erosion　常态侵蚀　05.009

normal forest　法正林　04.197

normal form factor　正形数，* 标准形数
04.054

normal form quotient　正形率　04.058

normal growing stock　法正蓄积量　04.201

normal increment　法正生长量　04.200

normal yield　法正收获量，* 法正年伐量
04.202

normal yield table　标准收获表　04.097

nosing　突缘饰　08.258

no tillage　免耕法　05.083

noxious wildlife　有害野生动物　03.202

nuptial chamber　[小蠹]交配室　03.081

nursery stock　苗木　02.098

O

oasis　绿洲　05.100

objective forest　目标林　04.212

oblique cutting　斜向切削　08.223

ocean-going raft　海排　07.114

ocimene　罗勒烯　09.158

offcut　下脚料　08.111

olive oil 橄榄油 09.253

one way volume table 一元材积表, * 地方材积表 04.135

opacity 不透明度 09.377

open assembly time 开放陈化时间 08.308

open defect 开放性缺陷 08.323

open forest land 疏林地 04.188

open joint 离缝 08.317

open pile 层楞 07.139

optical wedge 棱镜角规, * 光楔 04.095

orange oil [甜]橙油 09.259

oriented strand board 定向刨花板 08.347

orifice 纹孔口 08.070

origin of stand 林分起源 02.009

ornamental fruit trees and shrubs 观果树木 06.078

ornamental trees and shrubs 观赏树木 06.085

orthogonal cutting 直角切削, * 正切削 08.225

OSB 定向刨花板 08.347

oscillating pressure process 振荡加压法 08.181

outplanting 苗木出圃 02.115

out-put 出材率 08.134

outturn of stand 林分出材率 04.147

overall project of forest enterprises 林业局总体设计 04.149

overall soil preparation 全面整地 02.139

over cut 过伐 04.168

overhead shading 上方遮荫 02.109

overlap 叠芯 08.318

overlay 贴面 08.385

overmature forest 过熟林 04.244

P

package pile 格楞 07.140

pagoda 塔 06.127

pale rosin 浅色松香 09.117

palustric acid 长叶松酸 09.126

panel [人造板]板材 08.265

paper overlay 纸质贴面 08.387

parasite scurrula 桑寄生 03.022

parenchyma 薄壁组织 08.051

parenchyma cell 薄壁组织细胞 08.052

park and garden 园林 06.001

park and garden construction 园林建设 06.005

park and garden design 园林设计 06.003

park and garden planning 园林规划 06.002

park maintenance 园林养护 06.143

park management 公园管理 06.145

partial soil preparation 局部整地 02.140

particle 碎料 08.367

particle board 刨花板, * 碎料板 08.346

particle moulding 刨花模压 08.376

partly bleach pulp 半漂浆 09.315

pasture protection forest 护牧林 05.116

pasture range 放牧地 04.194

patcher 补节机 08.446

patching 补节 08.304

patio 中庭庭园 06.058

pattern line sawing 划线下锯 08.120

pattern of mixture 混交方法 02.135

pavilion 亭 06.121

paving design 铺地设计 06.101

peach gum 桃胶 09.283

peeler log 胶合板材 07.162

peeler log 旋切原木 08.279

pe-la insect 白蜡虫 03.099

penetrability 透入度, * 透入性 08.192

penjing 盆景 06.064

pentosan 戊聚糖 09.041

percentage of cut-turn 出材率 08.134

percentage of forest cover 森林覆盖率 01.055

percent of bark 树皮率 04.048

perennial canker 多年生溃疡 03.028

pergola 花棚架 06.130

periodic increment 定期生长量 04.011

permanent nursery 固定苗圃 02.096

permanent sample plot 固定样地, * 固定标准地 04.008

pests of broadleaf trees 阔叶树害虫 03.062

pests of coniferous trees 针叶树害虫 03.061

phellandrene 水芹烯 09.151

phloem 韧皮部 08.026

phloem fiber 韧皮纤维 08.027

physical maturity 自然成熟，＊生理成熟 04.227

pile burn 堆烧 03.177

pile timber 桩木 07.170

piling 木材归楞 07.136

pimaradiene 海松二烯 09.171

pimarane 海松烷 09.165

pimaric acid ［右旋］海松酸 09.130

pimaric type acid 海松酸型树脂酸 09.122

pin 销子 08.251

pinane 蒎烷 09.170

pinching 夹锯 07.022

pine caterpillars 松毛虫 03.093

pine greedy scale 松突圆蚧 03.097

pine gum 松脂 09.081

pinene 蒎烯 09.138

pine needle oil 松针油 09.248

pine oil 松油 09.261

pine oleoresin 松脂 09.081

pine root oil 松根油 09.289

pine tar 松焦油 09.069

pine wood nematode 松材线虫 03.019

pinhole 虫眼 08.053

pinic acid 蒎酸 09.162

pinifolic acid 松叶酸 09.287

pinonic acid 蒎酮酸 09.137

pinoresinol 松脂酚，＊松脂素 09.134

pioneer [tree species] 先锋树种 02.055

pit 纹孔 08.065

pit annulus 纹孔环 08.069

pit aperture 纹孔口 08.070

pit aspiration 纹孔闭塞 08.075

pit border 纹孔缘 08.071

pit canal 纹孔道 08.072

pit cavity 纹孔腔 08.073

pit chamber 纹孔室 08.074

pitch pocket 树脂囊 08.035

pitch streak 树脂条纹 08.036

pitch trouble 树脂障碍 08.345

pith 髓心 08.030

pith fleck 髓斑 08.031

pit prop 坑木 07.166

pit torus 纹孔塞 08.076

plain sawing 弦向下锯法 08.124

planer 平刨机 08.417

plank road 木板道 07.093

plantation survey and project 造林调查设计 02.126

planted land 造林地 02.121

plant fiber 植物纤维 09.005

planting bar 植树锹 02.157

planting by cuttings 插条造林 02.148

planting by layerings 埋条造林，＊埋干造林 02.149

planting by rootcuttings 分根造林 02.150

planting by tillers 分蘖造林 02.151

planting [by vegetative propagation] 分殖造林 02.147

planting density 造林密度 02.129

planting design 种植设计 06.099

planting in notches 缝植法 02.153

planting plan 种植计划 06.144

planting season 造林季节 02.158

planting site 造林地 02.121

planting stock 苗木 02.098

planting stock [by vegetative propagation] 营养繁殖苗 02.111

planting tube 容器苗栽植器 07.209

plant lifter 起苗机 07.202

plate-press dryer 平板干燥机 08.444

pleasure ground 游乐场 06.040

pleat 褶层 08.319

plus tree 正号树 02.063

plywood 胶合板 08.269

pneumatic extinguisher 风力灭火机 07.231

poaching 偷猎 03.216

podocarpane 罗汉松烷 09.164

point sampling 点抽样 04.005

pollard method 头木作业 02.217

polymerized rosin 聚合松香 09.109

polyphenol 多酚 09.211

pond 涝池 05.128

pore 管孔 08.045

postcure 后固化 08.375

powder-pest beetle　粉蠹　03.067

precipitated wood tar　沉淀[木]焦油　09.071

precure　预固化　08.374

prefelling regeneration　伐前更新　02.218

preparatory cutting　预备伐　02.200

prepress　预压机　08.453

prepressing　预压　08.310

prescribed burning　规定火烧，＊计划火烧　03.178

Pressler method　望高法　04.063

Pressler reference point　望点　04.061

pressurized refiner　加压纤维分离机　08.462

pressurized refining　加压纤维分离　08.340

price increment　价格生长，＊腾贵生长　04.020

primary climax　地带性顶极　02.056

primary insect　初期[性]害虫　03.058

prism　棱镜角规，＊光楔　04.095

proanthocyanidin　原花色素　09.216

profile density　断面密度[分布]，＊剖面密度　08.381

progeny test　子代测定　02.077

proportionate area by age class　龄级比例轮伐面积　04.164

protection forest　防护林　01.018

protection forest system　防护林体系　05.103

protection maturity　防护成熟　04.229

protective belt　防护带　06.083

protofibril　原纤丝　09.006

protolignin　原木素　09.028

provenance　[种子]原产地，＊种源　02.073

provenance trial　产地试验，＊种源试验　02.074

pruner　修枝机　07.223

prunning　修枝　02.187

3p sampling　3p 抽样　04.025

public park　公园　06.032

pulp　纸浆　09.300

pulping　制浆　09.299

pulpwood　造纸材，＊纸浆材　07.164

puncher　冲洞机　08.445

punching　冲洞　08.303

pure forest　纯林　01.024

purlin and rafter　檩椽材　07.168

PVC film overlay　PVC 贴面　08.386

pyrogallic acid　焦棓酸　09.200

pyroligneous liquor　木醋液　09.076

Q

quality increment　形质生长　04.019

quantitative maturity　数量成熟　04.224

quantitative maturity of principal tree　主林木 数量成熟　04.225

quantitative thinning　定量疏伐　02.186

quebracho extract　坚木栲胶　09.183

R

radial-arm saw　万能圆锯　08.407

radial section　径切面　08.024

radial shake　径裂　08.162

radio-frequency drying　高频干燥　08.143

raft　木排　07.115

raft bundle　排捆　07.117

rafting　排运，＊放排　07.118

rafting　编排　07.110

rafting channel　水筏道　07.121

rafting machine　编排机　07.266

raft section　排节　07.113

rainfall erosion　降雨侵蚀　05.021

raised grain　切削波纹　08.231

rare species　稀有种　03.207

rate of flame spread　火焰传播速度　08.213

rate of lostmass after fire　燃烧失重率　08.216

rational method　利用率法，＊学理法　04.121

ratio of tangential to radial shrinkage　干缩比　08.156

raw humus　粗腐殖质　02.037

ray tracheid　射线管胞　08.048

reaction wood 应力木 08.014

real forest 现实林 04.167

reburn 补烧 03.186

recent erosion 现代侵蚀 05.006

reconstituted veneer 组合单板，＊组合薄木 08.287

recreation area 休憩区 06.047

red heart 红心材 03.034

red rot 红腐 08.202

red stain 红变 03.049

reeling 卷取 08.298

reeling machine 卷筒机 08.435

refined rosin 精制松香 09.087

refiner 精磨机 08.464

reforestation scarifier 植被搔碎机 07.219

refuge 禁猎区 03.213

refusal point 拒受点 08.190

regeneration from root suckers 根蘖更新 02.214

regeneration from sprouts 萌芽更新 02.213

regeneration maturity 更新成熟 04.228

regeneration period 更新期 04.107

regenerative nutrition 更新营养 03.084

regular style 规则式 06.065

regulation period 调整期 04.108

regulatory period 调整期 04.108

regulatory rotation age 轮伐期 04.106

reinforcement planting 补植 02.163

relascope 速测镜 04.093

release cutting 透光伐 02.165

relogging 补充主伐 04.160

removal cutting 后伐 02.203

renewal pruning 更新修剪 06.108

rerafting 改排 07.112

reservoir protection forest 水库防护林 05.115

residential district green area 居住区绿地 06.050

residential district park 居住区公园 06.048

resin acid 树脂酸 09.046

resin canal 树脂道 08.034

resin duct 树脂道 08.034

resin-soaked wood 充脂材 09.089

retaining ditch and embankment 拦水沟埂 05.130

retene 惹烯 09.172

retinol 松香油 09.118

retort 干馏釜 09.078

reverse casehardening 中心硬化，＊逆表面硬化 08.153

revision of forest management plan 森林经理复查，＊森林经营方案的修订 04.250

revision of working plan 森林经理复查，＊森林经营方案的修订 04.250

ridge culture 垄作 02.103

ridging loading method 起脊装车法 07.144

Riecker's formula 里克求积式 04.031

rigging 索具 07.065

rill erosion 细沟侵蚀 05.015

ring porous wood 环孔材 08.042

ring shake 环裂 08.161

river driving 单漂流送，＊赶羊流送 07.100

road protection forest 道路防护林 05.109

robinetinidin 刺槐定 09.221

rockery 石假山 06.116

rock garden 岩石园，＊岩生植物园 06.056

rock layout 置石 06.118

rock plant 岩生植物 06.094

rocky erosion 岩石侵蚀 05.042

rogued seed orchard 去劣种子园 02.072

roller coater 辊涂机 08.448

roller dryer 辊筒干燥机 08.443

roof top garden 屋顶花园 06.057

root cutter 切根机 07.201

root plow 挖根犁 07.194

root rot 根部腐朽，＊根腐 03.038

rosin 松香 09.082

rosin acid 松香酸 09.120

rosin amine 松香胺 09.113

rosin ester 松香酯 09.115

rosin nitrile 松香腈 09.114

rosin oil 松香油 09.118

rosin salt 松香盐 09.116

rossing 刮皮 09.096

rotary cut veneer 旋切单板 08.283

rotation 轮伐期 04.106

rotation of crops and grass 草田轮作 05.081

rough patch 补块毛糙 08.325

roundheaded borer 天牛[幼虫] 03.065

running fire 速行火 03.149

running skyline system 运行式索道 07.070

runoff coefficient 径流系数 05.051

rural forestry 乡村林业 01.057

S

sabina oil 桧油 09.252

saddle set 鞍座 07.058

salvage cutting 拯救伐 02.168

sample plot method 样地法，＊标准地法 04.067

sample tree 标准木，＊样木 04.073

sampling with probability proportional to prediction 3p抽样 04.025

Sandaracopimaric acid 山达海松酸 09.132

sanding 砂光 08.313

sanding machine 砂光机 08.457

sandwich panel 夹心板 08.278

sanitation cutting 卫生伐 02.167

san-mou oil 杉木油 09.262

sap rot 边材腐朽 03.041

sapwood 边材 08.012

saw chain filing machine 锯链锉磨机 07.241

sawing machine 锯机 08.398

sawing pattern 锯剖图 08.121

sawing technology 制材工艺 08.117

saw kerf 锯路 08.129

saw log 锯材原木 07.160

sawn timber 锯材 08.100

sawn veneer 锯切单板 08.285

saw sharpener 磨锯机 08.414

scaffold 脚手杆 07.167

scarf joint 斜接 08.244

scenic area 风景区 06.015

scenic spot 风景点 06.024

scorch height 熏黑高度 03.169

scrapper 刮光机 08.456

screen 筛选机 08.475

screened pulp 细浆 09.325

screw joint 螺钉接合 08.248

Scribner log rule 斯克里布纳原木板积表 04.140

scrub-clearing machine 除灌机 07.190

SDR 泥沙输移比 05.055

secondary forest 次生林 01.003

secondary insect 次期[性]害虫 03.059

sectional measurement 区分求积 04.034

sediment delivery ratio 泥沙输移比 05.055

sediment discharge 输沙量 05.054

sediment storage dam 拦沙坝 05.136

sediment storage dam with hole 孔口拦沙坝 05.138

seedbed 苗床 02.101

seed certification 种子证明书 02.094

seed cleaner 种子清选机 07.185

seed collection 采种 02.089

sced cutting 下种伐 02.201

seed drying machine 种子干燥机 07.186

seed extractor 球果脱粒机 07.184

seed harvesting and processing machinery 种子采集处理机械，＊种子机械 07.177

seeding 播种造林，＊直播造林 02.144

seed lac 粒胶 09.225

seedling grading machine 选苗机 07.203

seedling harvester 起苗联合机 07.205

seedling lifter 起苗机 07.202

seedling machinery 育苗机械 07.197

seedling packing 苗木包装 02.120

seedling packing machine 苗木打包机 07.204

seedling seed orchard 实生苗种子园 02.071

seedling sorting 苗木分级 02.119

seedling storage 苗木贮藏 02.118

seedling transplanter 苗木移植机 07.200

seed orchard 种子园 02.069

seed pelleting machine 种子包衣机 07.187

seed processing 种实调制 02.090

seed production stand 母树林 02.068

seed quality examination 种子检验 02.093

seed source [种子]原产地，＊种源 02.073

seed storage 种子贮藏 02.091

seed stratification　种子[层积]催芽　02.092
seed testing　种子检验　02.093
seed tree　母树　02.088
seed zone　种子区　02.081
selection cutting　择伐　02.207
selection of tree　林木选择　02.061
self-loading skidder　自装集材拖拉机　07.249
self thinning　自然稀疏　02.171
semi-chemical pulp　半化学浆　09.308
semi-diffuse porous wood　半散孔材　08.041
semi-dry process　半干法　08.334
semi-fast beating　半游离状打浆　09.368
semifixed dune　半固定沙丘　05.091
semi-hard board　半硬质纤维板　08.329
semi-mechanical pulp　半机械浆　09.312
semi-ring porous wood　半环孔材　08.043
shade-tolerant tree species　耐荫树种　02.017
shade tree　庇荫树　06.070
shaping lathe　铣削车床　08.422
shear strength parallel to grain　顺纹抗剪强度　08.089
shear strength perpendicular to grain　横纹抗剪强度　08.090
sheet erosion　片蚀　05.014
shellac　紫胶片　09.227
shelterwood cutting　渐伐，＊伞伐　02.199
shifting sand　流沙　05.090
shiny beating　粘状打浆　09.367
ship-building timber　造船材　07.163
ship-lap joint　高低缝接合　08.247
shoot blight　枝枯病　03.016
shoot volume　枝条材积　04.047
shop lumber　半成材　08.108
short wood logging　原木集材　07.074
show through　表层破穿　08.326
shrub land　灌木林地　04.187
side boom　诱导漂子　07.101
side cut　避心下锯法　08.122
side gutter　侧沟　09.103
side gutter angle　侧沟角　09.104
side notching　挂耳　07.026
side shading　侧方遮荫　02.110
side view　侧面图　06.103
sieve machine　筛选机　08.475

silt storage dam for farmland building　淤地坝　05.139
silvichemicals　林产化学产品，＊林化产品　09.001
silvicultural control　营林防治　03.004
silvicultural regionalization　造林区划　02.123
silvicultural system　森林作业法　02.192
silviculture　森林培育学，＊造林学　01.040
silviculture machinery　营林机械　07.174
silviculture machine system　营林机械系统　07.176
silviculture mechanization　营林机械化　07.175
Simalian's formula　西马林求积式，＊平均断面积求积式　04.033
simple pit [pair]　单纹孔[对]　08.066
simulated inventory data updating　模拟[森林]调查数据更新　04.256
sinking hole erosion　陷穴侵蚀　05.029
site　立地　02.014
site class　地位级　04.219
site classification　立地分类　02.125
site evaluation　立地评价　02.124
site index　地位指数，＊立地指数　04.220
site preparation　造林地清理　02.137
site preparation　造林地整地　02.136
site preparation machinery　林地清理机械　07.188
site type　立地类型　02.015
sizing　施胶　08.370
skidder　集材拖拉机　07.246
skidding　集材　07.038
skidding machinery　集材机械　07.245
skidding road　集材道　07.053
skidding trail　集材道　07.053
skip-in-planing　漏刨　08.233
skyline　天际线　06.106
skyline　承载索　07.060
skyline　[架空]索道　07.056
skyline winch　索道绞盘机　07.253
skyline yarding　[架空]索道集材　07.055
slab　板皮　08.110
slack line system　松紧式索道　07.069
slash chopper　枝桠切碎机　07.196

slash disposal 采伐迹地清理 07.037

slashing 造材 07.030

slash utilization machinery 采伐剩余物利用机械 07.285

sled [集材]撬, *[集材]爬犁 07.043

slenderness ratio 长厚比 08.368

sliced veneer 刨切单板 08.284

slicer 刨切机 08.433

slide 滑道 07.045

slip 滑坡 05.031

slit dam 缝隙坝 05.143

slit planting 缝植法 02.153

slope protection forest 山坡防护林 05.112

sloping terrace 坡式梯田, * 宽埂梯田 05.123

slow beating 粘状打浆 09.367

small watershed management 小流域综合治理 05.070

small wood 小径木 07.159

smothering 断氧灭火 03.184

smouldering fire 隐燃火 03.147

snag 枯立木, * 站杆 04.071

snow blight 雪枯病 03.009

snow chute 冰雪滑道 07.049

snow melt erosion 融雪侵蚀 05.040

soda pulp 烧碱法浆 09.307

soda recovery 碱回收 09.334

softness 柔软性 09.362

soft pulp 软浆 09.318

soft rot 软腐 08.203

softwood 针叶树材 08.002

soil and water conservation 水土保持学 01.046

soil and water conservation benefit 水土保持效益 05.065

soil and water conservation engineering 水土保持工程学 05.119

soil and water conservation forest 水土保持林 05.105

soil and water conservation measures 水土保持措施 05.072

soil and water conservation planning 水土保持规划 05.067

soil and water conservation regionalization 水土保持区划 05.066

soil and water conservation tillage measures 水土保持耕作措施 05.073

soil and water losses 水土流失 05.001

soil anti-erodibility 土壤抗蚀性 05.059

soil anti-scouribility 土壤抗冲性 05.058

soil conservation 土壤保持 05.002

soil erosion 土壤侵蚀 05.003

soil erosion type 土壤侵蚀类型 05.068

soil improving tree species 改良土壤树种 02.039

soil loss amount 土壤流失量 05.060

soil loss tolerance 允许土壤流失量 05.048

soil preparation 造林地整地 02.136

solar drying 太阳能干燥 08.141

solid content 实积 04.050

solid pile 实楞 07.138

solid wood 实体木材, * 实木 08.266

soluble wood tar 溶解[木]焦油 09.070

sorting deck 选材台 07.135

spacing of planting spots 种植点配置 02.130

spacing of seeding spots 种植点配置 02.130

spar 集材杆 07.064

species code 树种代码 04.262

specific beating pressure 打浆比压 09.355

spiral grain 螺旋纹理 08.060

splash erosion 溅蚀 05.013

splinter pulling 抽心 07.027

split ring 裂环 08.257

sports park 体育公园 06.039

spot burning 点状用火 03.174

spot soil preparation 块状整地 02.142

spot sowing 点播 02.107

spotting 飞火 03.145

spraying coater 喷涂机 08.451

spring 侧弯 08.167

spring set 拨料 08.131

spring wood 早材 08.010

spur road 运材岔线 07.086

squamose erosion 鳞片状侵蚀 05.037

square 方材 08.103

S.R. 肖氏打浆度 09.350

stacked volume 层积 04.051

stacked volume 堆积材积 08.147

stacking 木材归楞 07.136

stacking area 楞区 07.126

stand 林分 02.006

stand age 林龄 02.008

standard cut 标准采伐量 04.111

standard volume table 二元材积表 04.136

stand composition 林分组成 02.007

stand density 林分密度 02.011

stand density control diagram 林分密度控制图 02.185

stand density index 林分密度指数 04.081

stand description 林况调查 04.182

stand description factors 林分调查因子 04.066

stand growth 林分生长量 04.014

stand improvement 林分改造 02.220

stand information 林分信息 04.254

standing tree 立木 04.064

stand map 林相图 04.267

stand quality 林分质量，* 林位 04.221

stand renewal equation 林分更新方程 04.209

stand structure 林分结构 02.044

stand table 林分表 04.069

stand yield model 林分收获模型 04.103

starve joint 缺胶接合 08.315

state owned forest farm 国营林场 04.153

staypak 压缩木，* 压定木 08.395

steam blow 汽射法，* 蒸汽喷射法 08.373

steam distilled rosin 浸提松香，* 木松香 09.085

steam distilled wood turpentine 浸提松节油，* 木松节油 09.092

steep slope tree planter 坡地植树机 07.216

stem analysis 树干解析 04.084

stem curve 干曲线 04.028

stemflow 干流 02.029

stem form [树]干形[状] 04.027

stem-length 原条 07.014

stem rot 干部腐朽，* 干腐 03.037

stem volume 树干材积 04.043

stepping stone 步石 06.119

stick lac 紫胶梗 09.230

stiffness 挺度 09.360

stitching machine 缝拼机 08.440

stocking percent 立木度 04.082

stock map 林相图 04.267

storied building 楼 06.125

storing water tillage 抗旱保墒耕作 05.080

straight-grained wood 直纹木材 08.007

strand 长条薄片刨花 08.363

stratified mixed stand 复层混交林 02.045

stream 溪 06.139

stream bank protection forest 护岸林 05.111

street garden 街道花园 06.036

street green area 街道绿地 06.053

street planting 街道绿化 06.052

street tree 行道树 06.054

stress relaxation 应力松弛 08.018

strip 板条 08.106

strip burning 带状烧除 03.179

strip cropping 带状耕作 05.078

strip-shelterwood cutting 带状渐伐 02.205

strip soil preparation 带状整地 02.141

strip sowing 条播 02.105

strip spacing 行状配置 02.131

structure of wood 木材构造 08.020

stuff 浆料 09.352

stump 伐根 07.018

stumpage price 林价，* 立木价 04.246

stump chipper 伐根削片机 07.193

stump cutter 伐根削片机 07.193

stump extractor 拔根机 07.192

stump height 伐根高 07.019

stump rot 伐根腐朽 03.042

stump wood 明子 09.088

subcompartment 小班 04.179

subcompartment investigation 小班调查 04.181

subcompartment management method 小班经营法，* 小班经理法 04.158

subdominant tree species 亚优势树种 02.052

sub-irrigation 地下灌溉，* 心土灌溉 06.140

subplot 细班 04.180

substorey 次林层 02.047

suitable land for forest 宜林地 02.122

sulfate pulp 硫酸盐浆 09.305

sulfate turpentine　硫酸盐松节油　09.093

sulfite pulp　亚硫酸盐浆　09.306

sumach extract　漆叶栲胶　09.184

summer wood　晚材　08.011

sunken garden　沉园，＊凹园　06.059

sunscald　日灼　03.031

superheated steam drying　过热蒸汽干燥　08.142

superior plantation　优良林分　02.065

superior stand　优良林分　02.065

superior tree　优树　02.064

super turpentine　优[级松节]油　09.173

supplemental final cut　补充主伐　04.160

supplemental nutrition　补充营养　03.085

suppressed tree　被压木　02.177

surface bonding strength　表面结合强度　09.363

surface check　表裂　08.158

surface erosion　面蚀　05.012

surface fire　地表火　03.139

surface layer　面层　06.137

surfacer　平刨机　08.417

survival rate　造林成活率　02.161

survival rate [of plantation]　造林保存率　02.162

suspended cable yarding　[架空]索道集材　07.055

suspended load　悬移质　05.052

sustained yield of forest　森林永续利用，＊森林永续收获　04.196

swage set　压料　08.132

swaging　压料　08.132

sweep wood　沉木　07.107

sweet orange oil　[甜]橙油　09.259

swing saw　摆锯　08.402

swollen shoot　肿枝病　03.017

synthetic camphor　合成樟脑　09.175

system of cutting　主伐方式　02.194

T

tall oil　浮油　09.094

tall oil rosin　浮油松香　09.086

tally　每木调查，＊每木检尺　04.068

tamala oil　梓樟油　09.254

tangential section　弦切面　08.023

tannic acid　单宁酸　09.207

tannin extract　栲胶　09.178

tannin　单宁，＊鞣质　09.191

taper table　削度表　04.062

tapping face　割面　09.101

target canker　环靶性溃疡　03.030

Tarif table　塔里夫材积表　04.134

tearing　撕裂　08.235

tear strength　撕裂度　09.357

technical maturity　工艺成熟，＊利用成熟　04.226

technical measures of soil and water conservation on slope　山坡水土保持工程　05.120

telegraph pole　电杆　07.169

tele-relascope　望远速测镜　04.092

television detection　电视探火　03.113

temporary nursery　临时苗圃　02.097

temporary sample plot　临时样地，＊临时标准地　04.009

tending [after young plantation]　幼林抚育　02.159

tenoner　开榫机　08.426

tenoning　开榫　08.250

tensile strength　抗张强度　09.358

tensile strength parallel to grain　顺纹抗拉强度　08.086

tensile strength perpendicular to grain　横纹抗拉强度　08.088

tensile stretch　伸长率　09.359

tension wood　应拉木　08.016

termite　白蚁　03.089

termite runway　白蚁道　03.090

terpene　萜烯　09.139

terpene hydrate　水合萜烯　09.140

terpene-phenolic resin　萜酚树脂　09.169

terpene resin　萜烯树脂　09.167

terpenoid　萜类化合物　09.141

terpenol　萜烯醇　09.142

terpinene　萜品烯　09.157

terpineol 松油醇，＊萜品醇 09.143

terpinolene 萜品油烯 09.156

terrace 梯田 05.121

terrace 台 06.124

terraced building 台榭 06.123

terrace garden 台地园 06.061

terrace ridge afforestation 梯田埂造林 05.114

tetrahydroabietic acid 四氢枞酸 09.129

theratened species 濒危种 03.206

thermal imaging system for fire detecting 探火热象仪 07.230

thermodyn process 热模法 08.377

thermomechanical pulp 预热磨木浆，＊热磨机械浆 09.311

thermophilous tree species 喜温树种 02.018

thicknesser 压刨机 08.418

thinning 疏伐 02.166

thinning from above 上层疏伐 02.180

thinning from below 下层疏伐 02.179

thinning intensity 疏伐强度 02.184

thinning out 疏剪 06.109

three-faced sawing 三面下锯法 08.126

"Three North" protection forest "三北"防护林 05.104

three-way volume table 三元材积表 04.138

threshold value 起始剂量值 08.208

through-and-through sawing 毛板下锯法 08.128

throughfall 透冠雨 02.031

through tenon 透榫 08.254

tiller cutting 除蘖 02.190

timber assortment table 出材量表 04.148

timber beetle 筒蠹 03.070

timber chute 木滑道 07.047

timber forest 用材林 01.017

timber for vehicle 车辆材 07.161

timber line 树木线，＊树木界限 02.059

timber market 木材市场 07.147

timber production 木材生产 07.004

timber standard 木材标准 07.150

timber trade 木材贸易 07.148

timber unloading 木材卸车 07.130

tin 受脂器 09.106

tongue and groove joint 榫槽接合 08.242

tooth setting [锯]齿料 08.130

top diameter 小头直径 04.038

topiary 树木造型，＊绿雕塑 06.075

topiary art 树木造型艺术 06.076

topographical design 地形设计 06.098

topography reform 地形改造 06.113

topping 截梢 07.035

topwood 梢头木 04.049

torn grain 切削沟痕，＊毛刺沟痕 08.234

torrent control 荒溪治理 05.071

torrent erosion 荒溪侵蚀 05.022

torrential flood drainage works 山洪排导工程 05.140

torrential flood erosion 山洪侵蚀 05.023

torus 纹孔塞 08.076

total alkali 总碱 09.329

total increment 总生长量 04.010

tourist interest 名胜 06.025

toxicity limit 毒性极限 08.207

toxicity test 毒性试验 08.205

tracheid 管胞 08.046

tractor skidding 拖拉机集材 07.052

transfer logs over dam 木材过坝 07.120

transplant 移植苗 02.112

transverse boom 横河缆 07.105

transverse-longitudinal cutting 横向切削 08.221

transverse section 横切面，＊横截面 08.022

trap 陷阱 03.220

trap baiting net 诱捕网 03.219

trap tree 诱树，＊饵木 03.092

traumatic resin canal 创伤树脂道 08.037

traumatic resin duct 创伤树脂道 08.037

treatability 处理性 08.193

tree balling machine 树木挖掘机 07.217

tree breeding 树木育种 02.067

tree classification 林木分级 02.172

tree dozer 推树机 07.191

tree extractive 树木提取物 09.038

tree growth projection system 林木生长预测系统 04.259

tree-guard sprayer 树木护罩喷雾器 07.227

tree harvester [森林]采伐联合机 07.255

tree height 树高 04.077

tree information 林木信息 04.253

tree-length 原条 07.014

tree-length bundle 原条捆 07.132

tree-length logging 原条集材 07.075

tree-length volume table 原条材积表 04.144

tree list file 林木清单文件 04.257

tree monkey 自动爬树修枝机 07.224

tree-pathology 树病学 03.007

tree physiology 树木生理学 01.032

tree planter 植树机 07.212

tree planting 植苗造林 02.146

tree seedling 播种苗，* 实生苗 02.099

tree shaker 振动采种机 07.180

tree shears 伐木剪 07.243

tree spade 树木移植机 07.218

tree stratum 乔木层 02.048

tree surgery 树木修补 06.107

tree transplanting machine 树木移植机 07.218

tree volume table 立木材积表 04.133

trellis 花格子架 06.131

trimmer 截头锯 08.404

trimming 齐边 08.312

trimming 打枝 07.029

tropical rain forest 热带雨林 01.014

truck hauling 汽车运材 07.090

truck line 运材干线 07.084

truck-trailer log hauling 汽车列车运材 07.091

tug boat 木排拖轮 07.267

tung oil 桐油 09.290

turf 草地 06.069

turfing 铺草皮 06.112

Turkish gallotannin 土耳其棓子单宁 09.197

turpentine [oil] 松节油 09.090

twining plant 攀缘植物 06.086

twisting 扭曲 08.166

two-factor method 双因素法 04.017

two-way method 双因素法 04.017

tyler system 增力式索道 07.071

tylosis 侵填体 08.092

tylosoid 拟侵填体 08.094

type of mixture 混交类型 02.134

U

undercooked pulp 夹生浆 09.319

undercut 下[锯]口，* 下楂 07.024

undergrowth 下木层 02.049

underplanting 下木栽植 06.084

undersized log 小径木 07.159

unedged lumber 毛边材 08.105

uneven aged forest 异龄林 01.027

uniform shelterwood cutting 均匀渐伐 02.204

uniform stand 单层林分 01.028

universal soil loss equation 通用土壤流失方程式 05.056

unloading deck 卸车台 07.131

unreeling 放卷 08.299

unreeling machine 放卷机 08.436

unwrought timber 粗锯材 08.113

up milling 逆铣 08.227

upper landing 集材场，* 山上楞场 07.077

urban forestry 城市林业 01.058

urban green system planning 城市绿地系统规划 06.013

uronic acid 糖醛酸 09.047

USLE 通用土壤流失方程式 05.056

utilization percent method 利用率法，* 学理法 04.121

V

vacuum drying 真空干燥 08.139

valolaginic acid 橡椀鞣花素酸 09.203

valoneaic acid 橡椀酸 09.205

valoneaic acid dilactone 橡椀酸二内酯 09.208

valonia extract 橡椀栲胶 09.187

valoninic acid　橡椀宁酸　09.204

value frame work　价值平分法　04.131

vapour injection process　汽射法，＊蒸汽喷射法　08.373

variable density yield table　可变密度收获表　04.101

variable plot method　可变样地法　04.006

vegetable tannin　植物单宁　09.192

vegetable tanning material　植物鞣料　09.193

vegetative forest regeneration　森林无性更新　02.212

veneer band　单板带　08.297

veneer bolt　胶合板材　07.162

veneer clipper　单板剪切机　08.437

veneer dryer　单板干燥机　08.441

veneer drying　单板干燥　08.301

veneer log　旋切原木　08.279

veneer overlay　薄木贴面　08.388

veneer peeling　旋切机　08.432

veneer splicer　单板拼接机　08.438

veneer splicing　单板拼接　08.302

ventilation hole　通气孔　03.086

vessel　导管　08.050

vessel element　导管分子　08.049

vessel member　导管分子　08.049

villa　别墅　06.029

virgin forest　原始林　01.002

virgin pulp　原浆　09.317

virtual refusal　拒受点　08.190

volume-alloting method　蓄积配分法，＊材积配分法　04.119

volume control method　蓄积控制法，＊材积控制法　04.116

volume frame work　蓄积平分法，＊材积平分法　04.129

volume inside bark　去皮材积　04.045

volume outside bark　带皮材积　04.044

volume regulation method　蓄积控制法，＊材积控制法　04.116

W

wafeɪ　华夫刨花　08.364

wafer board　华夫刨花板　08.353

waferizer　华夫刨花机　08.472

wall garden　墙园　06.055

waney lumber　钝棱材　08.115

warp　翘曲　08.164

warping　翘曲　08.164

warp land dam　淤地坝　05.139

washboarding　皱缩，＊溃缩　08.155

waste land　荒地　04.192

water cellar　水窖　05.127

water conservation forest　水源涵养林　05.110

water erosion　水蚀　05.011

water fall　瀑布　06.138

waterfall erosion　跌水侵蚀　05.028

waterfowl refuge　水禽保护区　03.205

watering　推河　07.097

water loss　水损失　05.004

water resource　水资源　05.063

watershed management　流域管理　05.069

wattle extract　荆树栲胶　09.188

wave-topped wall　云墙　06.134

wedge planting　楔形栽植　02.154

wedging　加楔　08.249

Werzalit process　威氏模压法　08.379

wet chute　水滑道　07.048

wet-process　湿法　08.333

wettability　湿润性　08.082

white charcoal　白炭　09.066

white liquor　白液　09.340

white rot　白腐　03.046

white water　白水　09.373

white wax insect　白蜡虫　03.099

whole-tree chipper　全树削片机　07.290

whole tree logging　伐倒木集材　07.076

whole-tree utilization　全树利用　08.096

wide-belt sanding　宽带砂光机　08.459

wide range provenance trial　全分布区产地试验　02.076

wilderness　原野保留区　03.197

wild fauna　野生动物区系　03.199

X

xerophilous tree species　旱生树种　02.020
xylan　木聚糖　09.039
xylem　木质部　08.029

xylem ray　木射线　08.047
xylitol　木糖醇　09.055
xylose　木糖　09.054

Y

yarder　索道绞盘机　07.253
yarding　集材　07.038
yield forecast　收获预测　04.104
yield prediction　收获预测　04.104

yield table　收获表，* 生长过程表　04.096
young growth　幼龄林　04.240
young stand cultivator　幼林除草松土机
　07.222

Z

Z factor　Z 因子　09.331
zonal climax　地带性顶极　02.056

zone line　带线　03.035
zoo　动物园　06.046

汉 英 索 引

A

B

刨花打磨机　chip grinder　08.473

[刨花]干燥机　chip dryer　08.476

刨花计量　chip metering　08.380

刨花模压　particle moulding　08.376

刨片　flaking　08.358

刨片机　flaker　08.471

刨切单板　sliced veneer　08.284

刨切机　slicer　08.433

暴发性火　blow-out　03.143

背板　back veneer　08.292

贝壳杉胶　kauri gum　09.240

贝壳杉油　kauri oil　09.241

棓儿茶素　gallocatechin　09.212

棓酸　gallic acid　09.199

棓子单宁　Chinese tannin　09.196

被压木　suppressed tree　02.177

崩岗　collapsing hill　05.035

崩塌　collapse　05.030

绷索　guy line　07.063

庇荫树　shade tree　06.070

闭合陈化时间　closed assembly time　08.309

避心下锯法　side cut　08.122

边材　sapwood　08.012

边材腐朽　sap rot　03.041

编排　rafting, booming　07.110

编排机　rafting machine　07.266

匾额　inscribed tablet　06.135

标准采伐量　standard cut　04.111

* 标准地法　sample plot method　04.067

标准木　sample tree　04.073

标准收获表　normal yield table　04.097

* 标准形数　normal form factor　04.054

表棓儿茶素　epigallocatechin　09.215

表板　face veneer　08.290

表层破穿　show through　08.326

表儿茶素　epicatechin　09.213

表壳脑醇酸　epilaksholic acid　09.238

表裂　surface check　08.158

表面结合强度　surface bonding strength　09.363

表面硬化　casehardening　08.152

表紫胶壳脑酸　epilaccishelbolic acid　09.237

别墅　villa　06.029

濒危种　thratened species, endangered species　03.206

冰雪滑道　snow chute　07.049

病虫害综合治理　integrated pest management　03.006

播种苗　tree seedling　02.099

播种造林　seeding, direct seeding　02.144

拨料　briar dressing, spring set　08.131

补充营养　supplemental nutrition　03.085

补充主伐　supplemental final cut, relogging　04.160

补节　patching　08.304

补节机　patcher　08.446

补块毛糙　rough patch　08.325

补烧　reburn　03.186

补植　reinforcement planting　02.163

不规则式　informal style, irregular style　06.066

不透明度　opacity　09.377

步石　stepping stone　06.119

C

栽边锯　edger　08.403

* 材积控制法　volume control method, volume regulation method　04.116

* 材积配分法　volume-alloting method　04.119

* 材积平分法　volume frame work　04.129

材面接合　face joint　08.238

材种　log assortment, log type　07.156

* 财政成熟　financial maturity　04.232

采伐带　cutting strip　07.008

采伐单元　cutting unit　04.162

采伐迹地　cutting blank, cut-over area　04.190

采伐迹地清理　slash disposal　07.037

采伐季节　felling season　07.009

采伐计划　cutting plan　04.161

采伐列区　cutting series, felling series　04.173

采伐剩余物　logging slash　07.036

采伐剩余物利用机械　slash utilization

machinery   07.285

采伐顺序   cutting sequence   07.007

采伐限额   cutting limit, cutting quota   07.011

采伐许可证   felling licence   07.010

采伐作业   logging operation   07.012

采穗圃   cutting orchard   02.080

采脂   wood tapping   09.095

采种   seed collection   02.089

草地   turf   06.069

草皮泄水道   grass waterway   05.135

草坪   lawn   06.068

草坪植物   lawn plant   06.096

草田轮作   rotation of crops and grass   05.081

侧方遮荫   side shading   02.110

侧沟   side gutter   09.103

侧沟角   side gutter angle   09.104

侧面火   flank fire   03.144

侧面扑火   flank fire suppression   03.185

侧面图   side view   06.103

侧弯   crook, spring, edge bend   08.167

侧向侵蚀   lateral erosion   05.019

测高器   hypsometer   04.089

测皮器   bark gauge   04.091

测树器   dendrometer   04.090

* 测树学   forest mensuration   01.043

层积   stacked volume   04.051

层积材   laminated wood   08.274

层楞   open pile, layered pile   07.139

插条机   cutting planter   07.199

插条造林   planting by cuttings   02.148

产地试验   provenance trial   02.074

常绿阔叶林   evergreen broadleaved forest   01.013

常态侵蚀   normal erosion   05.009

常压纤维分离   atmospheric refining   08.339

常压纤维分离机   atmospheric refiner   08.461

长厚比   slenderness ratio   08.368

* 长级   length class   07.152

长宽比   aspect ratio   08.369

长条薄片刨花   strand   08.363

长网成型机   fourdrinier machine   08.465

长叶环烯   longicyclene   09.160

长叶松酸   palustric acid   09.126

长叶烯   longifolene   09.147

长叶蒎烷   longipinane   09.148

长叶蒎烯   longipinene   09.159

车辆材   timber for vehicle   07.161

沉淀[木]焦油   precipitated wood tar   09.071

沉木   deadhead, sweep wood   07.107

沉香木油   agilawood oil   09.247

沉园   sunken garden   06.059

陈化时间   assembly time   08.307

城市林业   urban forestry   01.058

城市绿地系统规划   urban green system planning   06.013

成材   lumber   08.101

成年材   mature wood, adult wood   08.005

* 成熟材   mature wood, adult wood   08.005

成熟林   mature forest   04.243

成型机   forming machine, former   08.479

成型胶合板   moulded plywood   08.270

成型铣床   molder   08.421

承载索   skyline   07.060

齿形饰   dentil, dentel   08.262

尺寸稳定性   dimensional stability   08.170

充脂材   resin-soaked wood, light wood   09.089

冲洞   punching   08.303

冲洞机   puncher   08.445

虫白蜡   Chinese insect wax   09.279

虫眼   pinhole, wormhole   08.053

抽心   splinter pulling   07.027

抽心下锯法   box heart sawing   08.123

3P抽样   sampling with probability proportional to prediction, 3p sampling   04.025

臭松油   apinclum, apinol   09.250

初期腐朽   incipient decay   03.043

初期[性]害虫   primary insect   03.058

初始采伐量   initial harvest   04.112

出材量表   timber assortment table   04.148

出材率   out-put, percentage of cut-turn   08.134

除灌机   scrub-clearing machine   07.190

除湿干燥   dehumidification   08.138

除蘖   tiller cutting   02.190

处理性   treatability   08.193

串坡   ground sliding, ball hooting   07.040

床作   bedding culture   02.102

创伤树脂道 traumatic resin duct, traumatic resin canal 08.037

锤式碎木机 hammer mill 08.469

纯林 pure forest 01.024

纯收益最大成熟 maturity of the highest income, maturity of maximum forest net income 04.230

刺槐定 robinetinidin 09.221

次林层 substorey 02.047

次期[性]害虫 secondary insect 03.059

次生林 secondary forest 01.003

枞酸 abietic acid 09.123

枞酸型树脂酸 abietic type acid 09.121

枞烷 abietane 09.163

枞烯 abietene 09.161

丛林火 bush fire 03.152

丛枝病 witch's broom 03.018

丛植 bunch planting 02.155

粗放林业 extensive forestry 01.059

粗腐殖质 raw humus, mor 02.037

粗结构 coarse texture 08.056

粗锯材 unwrought timber 08.113

猝倒病 damping-off 03.012

翠雀定 delphinidin 09.219

D

搭挂树 lodged tree, hang-up tree 07.028

打浆 beating 09.348

打浆比压 specific beating pressure 09.355

打浆度 degree of beating 09.349

打枝 trimming, branching 07.029

打枝机 delimber 07.244

打枝-造材-归堆机 delimber-bucker-buncher 07.260

大火控制 large fire control 03.181

大火团 mass fire 03.157

大面积皆伐 large area clearcutting 02.196

大片刨花 flake 08.361

大片刨花板 flake board 08.352

*大漆 Chinese lacquer 09.277

带播 belt sowing 02.106

带锯 band saw 08.400

带皮材积 volume outside bark 04.044

带皮直径 diameter outside bark, DOB 04.036

带土栽植 ball planting 02.156

带线 zone line 03.035

带状耕作 strip cropping 05.078

带状渐伐 strip-shelterwood cutting 02.205

带状皆伐 clearcutting in strips 02.197

带状烧除 strip burning 03.179

带状整地 strip soil preparation 02.141

单板层积材 laminated veneer lumber, LVL 08.275

单板带 veneer band 08.297

单板干燥 veneer drying 08.301

单板干燥机 veneer dryer 08.441

单板剪切机 veneer clipper 08.437

[单板刨切]木方 flitch 08.281

单板拼接 veneer splicing 08.302

单板拼接机 veneer splicer 08.438

单层林分 uniform stand 01.028

单宁 tannin 09.191

单宁酸 tannic acid 09.207

单漂流送 river driving, floating 07.100

单纹孔[对] simple pit [pair] 08.066

倒木 blow-down, dead-and-down 04.072

导管 vessel 08.050

导管分子 vessel member, vessel element 08.049

导脂器 apron, gutter 09.105

道路防护林 road protection forest 05.109

等高草带 contour sod strip 05.082

等高耕作 contour tillage 05.077

等外材 cull 07.158

低得率浆 low yield pulp 09.314

低密度刨花板 low-density particleboard 08.348

低压短周期工艺 low pressure short cycle processing 08.391

地被植物 ground cover plant 06.095

地表火 surface fire 03.139

地带性顶极 zonal climax, primary climax 02.056

* 地方材积表　local volume table, one way volume table　04.135

地况调查　description of locality　04.184

地区收获表　local yield table　04.098

地位级　site class　04.219

地位指数　site index　04.220

地下灌溉　sub-irrigation　06.140

地下火　ground fire　03.141

地形改造　topography reform　06.113

地形设计　topographical design　06.098

点播　spot sowing　02.107

点抽样　point sampling　04.005

点状用火　spot burning　03.174

电动链锯　electric powered chain saw　07.240

电杆　telegraph pole　07.169

* 电锯　electric powered chain saw　07.240

电视探火　television detection　03.113

钓樟油　kuromoji oil　09.260

跌水　cascade　06.142

跌水侵蚀　waterfall erosion　05.028

叠芯　overlap　08.318

钉接　nailed joint　08.239

定量疏伐　quantitative thinning　02.186

定期生长量　periodic increment　04.011

定向刨花板　oriented strand board, OSB 08.347

动物园　zoo　06.046

冻拔　frost heaving　02.024

冻板道　frozen road　07.094

冻裂　frost cleft, frost cracking　02.025

冻融侵蚀　freeze-thaw erosion　05.041

毒性极限　toxicity limit　08.207

毒性试验　toxicity test　08.205

杜仲胶　gutta percha　09.288

端裂　end check　08.159

端铣　end milling　08.228

端向切削　end grain cutting　08.222

端压法　Boucherie process　08.184

* 断面积系数　basal area factor　04.007

断面密度[分布]　profile density　08.381

断面图　cross section　06.104

断氧灭火　smothering　03.184

堆积材积　stacked volume　08.147

堆烧　pile burn　03.177

钝棱材　waney lumber　08.115

多段漂白　multistage bleaching　09.342

多酚　polyphenol　09.211

多年生溃疡　perennial canker　03.028

多伊尔原木板积表　Doyle log rule　04.141

E

儿茶素　catechin　09.214

儿童公园　children park　06.041

* 儿童乐园　children's playground　06.042

儿童游戏场　children's playground　06.042

* 饵木　trap tree　03.092

二次循环法　double Rueping process　08.183

* 二类调查　forest management inventory 04.002

二氢海松酸　dihydropimaric acid　09.135

二氢异海松酸　dihydroisopimaric acid 09.136

二氢枞酸　dihydroabietic acid　09.128

二元材积表　standard volume table, general volume table　04.136

F

伐倒木　felled tree　07.015

伐倒木集材　whole tree logging　07.076

伐根　stump　07.018

伐根腐朽　stump rot　03.042

伐根高　stump height　07.019

伐根削片机　stump chipper, stump cutter 07.193

伐木　felling　07.016

伐木场　logging headquarter, logging camp 07.017

伐木-打枝-归堆机　feller-delimber-buncher 07.258

伐木-打枝-造材-归堆机 feller-delimber-bucker-buncher 07.259

伐木斧 felling axe 07.020

伐木-归堆机 feller-buncher 07.256

伐木机 feller, felling machine 07.242

伐木-集材机 feller-skidder 07.257

伐木剪 tree shears 07.243

伐木锯 felling saw 07.021

* 伐期龄 cutting rotation age, cutting age 04.105

伐期收入 final income 04.248

伐前更新 prefelling regeneration 02.218

伐区 cutting area 07.006

法正林 normal forest, balanced forest 04.197

法正林分排列 normal distribution of stand 04.199

法正龄级分配 normal age-class distribution, normal age-class arrangement 04.198

* 法正年伐量 normal yield 04.202

法正生长量 normal increment 04.200

法正收获量 normal yield 04.202

法正蓄积法 method of regulating yield [by comparing actual with normal crops] 04.120

法正蓄积量 normal growing stock 04.201

芳樟醇 linalool 09.268

方材 square 08.103

防护成熟 protection maturity 04.229

防护带 protective belt 06.083

防护林 protection forest 01.018

防护林体系 protection forest system 05.103

防火带 fire belt 03.125

防火封禁季节 close[d] fire-season 03.126

防火沟 fire trench 03.124

防火犁 fire plow 07.228

防火区 fire district 03.121

防火站 fire control station 03.122

防火障 fire barrier 03.128

防火植物带 living fire break 03.127

防弯压辊 back-up roller 08.434

仿形车床 copying lathe 08.423

放卷 unreeling 08.299

放卷机 unreeling machine 08.436

放牧地 pasture range 04.194

* 放排 rafting 07.118

菲瑟定 fisetinidin 09.220

非地带性顶极 azonal climax 02.057

非林地 non-forestry land 04.193

非木材人造板 non-wood based panel 08.268

* 飞播 air seeding, aerial seeding 02.145

飞火 spotting 03.145

飞机播种 air seeding, aerial seeding 02.145

飞机种子撒播机 helicopter-mounted broad-caster 07.220

分层 delamination 08.316

分等 grading 08.314

分根造林 planting by rootcuttings 02.150

分级标准木法 class mean sample tree method 04.076

分泌细胞 epithelial cell 08.054

分蘖造林 planting by tillers 02.151

* 分期法 frame work method, allotment methods 04.127

分丝 devillicate 09.356

分殖造林 planting [by vegetative propagation] 02.147

粉蠹 powder-pest beetle, dry wood beetle 03.067

* 粉碎机 hog[ger] 08.468

* 封闭法 containning method 03.182

封山育林 closing the land for reforestation 02.221

蜂窝裂 honeycombing 08.163

风景点 scenic spot 06.024

风景规划 landscape planning 06.008

风景林 amenity forest 01.023

风景区 scenic area 06.015

风景设计 landscape design 06.009

风力灭火机 pneumatic extinguisher 07.231

风蚀 wind erosion 05.086

风蚀程度 degree of wind erosion 05.093

风蚀强度 intensity of wind erosion 05.094

缝拼机 stitching machine 08.440

缝隙坝 slit dam 05.143

缝植法 slit planting, planting in notches 02.153

浮雕 embossing 08.264

浮油　tall oil　09.094
浮油松香　tall oil rosin　09.086
抚育采伐　intermediate cutting　02.164
覆盖　mulching　02.108

复层混交林　stratified mixed stand　02.045
复层林分　multi-storied stand　01.029
复合板　composite board　08.273
附生植物　epiphyte　06.092

G

改良土壤树种　soil improving tree species
02.039
改排　rerafting　07.112
改性木　improved wood, modified wood
08.392
干度　dryness　09.364
干法　dry-process　08.332
干旱　drought　05.049
干旱程度　degree of drought　05.050
干裂　check　08.157
干馏釜　retort　09.078
干砌石谷坊　mortarless stone check dam
05.133
干曲线　stem curve　04.028
干缩　dry shrinkage　08.154
干缩比　ratio of tangential to radial shrinkage
08.156
干燥基准　drying schedule, kiln schedule
08.148
干燥缺陷　drying defect　08.151
干燥应力　drying stress　08.149
* 赶羊流送　river driving, floating　07.100
橄榄油　olive oil　09.253
干部腐朽　stem rot　03.037
* 干腐　stem rot　03.037
干基腐　butt rot　03.036
干流　stemflow　02.029
钢丝锯　fret saw　08.408
钢丝绳集材拖拉机　cable skidder　07.247
高得率浆　high yield pulp　09.313
高低缝接合　ship-lap joint　08.247
高锰酸钾值　K value　09.328
高密度刨花板　high-density particleboard
08.350
高频干燥　radio-frequency drying, high-
frequency drying　08.143
高山植物　alpine plant　06.089

高温干燥　high-temperature drying　08.144
戈壁　gobi　05.099
割灌机　brush saw　07.189
割面　tapping face　09.101
割脂刀　hack　09.099
格楞　package pile　07.140
格栅坝　horizontal grilled dam　05.137
格状沙丘　latticed dune　05.098
阁　loft　06.126
隔年作业　intermittent working　04.213
隔坡梯田　alternation of slope and terrace
05.125
根部腐朽　root rot　03.038
* 根腐　root rot　03.038
根蘖更新　regeneration from root suckers
02.214
更新成熟　regeneration maturity　04.228
更新期　regeneration period　04.107
更新修剪　renewal pruning　06.108
更新营养　regenerative nutrition　03.084
工艺成熟　technical maturity　04.226
供料　furnishes　08.372
公园　public park　06.032
公园管理　park management　06.145
弓弯　bowing　08.168
拱桥　arch bridge　06.133
沟道防护林　gully erosion control forest
05.113
沟垄耕作　furrow and ridge tillage　05.079
沟头防护　gully head protection　05.129
沟壑密度　gully density　05.057
鼓泡　blister　08.320
古代侵蚀　ancient erosion　05.005
古代园林　ancient garden, historical garden
06.022
古典园林　classical garden　06.021
古迹　historic site, historic relic　06.026

谷坊　check dam　05.131

*固定标准地　permanent sample plot　04.008

固定苗圃　permanent nursery　02.096

固定沙丘　fixed dune　05.092

固定样地　permanent sample plot　04.008

固沙造林　dune fixation afforestation　05.108

刮光机　scrapper　08.456

刮皮　rossing　09.096

刮[皮]刀　bark shaver　09.098

刮[皮]面　bark shaving face　09.100

刮脂　dipping　09.097

挂耳　side notching　07.026

冠淋　crown wash　02.030

观果树木　ornamental fruit trees and shrubs　06.078

观赏树木　ornamental trees and shrubs　06.085

管胞　tracheid　08.046

管孔　pore　08.045

灌木林地　shrub land　04.187

*光楔　prism, optical wedge　04.095

广义法正林　generalized normal forest　04.203

规定火烧　prescribed burning　03.178

规则式　formal style, regular style　06.065

归堆　bunching　07.039

桧油　sabina oil　09.252

辊筒干燥机　roller dryer　08.443

辊涂机　roller coater　08.448

滚筒砂光机　drum sanding　08.458

国际原木板积表　international log rule　04.142

国家天然公园　national park　06.017

国土整治　land reclamation　05.061

国营林场　state owned forest farm　04.153

国有林　national forest　04.151

国有林区　national forest area　04.152

果篱　fruit hedge　06.072

过伐　over cut, excessive felling　04.168

过热蒸汽干燥　superheated steam drying　08.142

过熟林　overmature forest　04.244

H

哈迪网　Hartig net　03.032

海排　ocean-going raft　07.114

海松二烯　pimaradiene　09.171

海松酸型树脂酸　pimaric type acid　09.122

海松烷　pimarane　09.165

含水率梯度　moisture gradient　08.150

旱生树种　xerophilous tree species　02.020

汉兹利克公式　Hanzlik's formula　04.125

航空材积表　aerial volume table　04.145

航空护林　aerial forest fire protection　03.118

号锤　marking hammer　07.155

号印　log mark　07.154

合成樟脑　synthetic camphor　09.175

合排　joining rafts　07.111

河岸侵蚀　bank erosion　05.038

河绠　boom　07.104

褐变　brown stain　03.050

褐腐　brown rot　03.047

黑炭　black charcoal　09.065

黑心材　black heart　03.033

黑液　black liquor　09.336

横河绠　transverse boom　07.105

横截　cross cutting　08.220

*横截面　cross section, transverse section　08.022

横切面　cross section, transverse section　08.022

横纹抗剪强度　shear strength perpendicular to grain　08.090

横纹抗拉强度　tensile strength perpendicular to grain　08.088

横纹抗压强度　compression strength perpendicular to grain　08.087

横向切削　transverse-longitudinal cutting　08.221

恒续林　continuous forest　04.210

红变　red stain　03.049

红腐　red rot　08.202

红树林　mangrove forest　01.015

红外探火仪　infrared fire detector　07.229

红心材　red heart　03.034

后备长度　bucking allowance　07.034

后伐　removal cutting　02.203

后固化　postcure　08.375

后期腐朽　advanced decay　03.045

胡伯尔求积式　Huber's formula　04.032

槲寄生　mistletoe　03.023

狐尾锯　drag saw　08.409

护岸林　stream bank protection forest　05.111

护牧林　pasture protection forest　05.116

互惠共生　mutualistic symbiosis　02.041

花格子架　trellis　06.131

花境　flower border　06.081

花篱　flower hedge　06.073

花棚架　pergola　06.130

花青定　cyanidin　09.218

花色素　anthocyanidin　09.217

花坛　flower bed　06.079

花园　garden　06.033

华夫刨花　wafer　08.364

华夫刨花板　wafer board　08.353

华夫刨花机　waferizer　08.472

滑道　chute, slide　07.045

滑道集材　chuting　07.044

滑坡　landslide, slip　05.031

划线下锯　pattern line sawing　08.120

化感作用　allelopathy　02.040

化学防治　chemical control　03.003

化学灭火　inhibition　03.187

化学磨木浆　chemical-ground pulp　09.303

化学[木]浆　chemical [wood] pulp　09.302

化学透光伐　chemical cleaning　02.183

环靶性溃疡　target canker　03.030

环境绿化　environmental greening　06.020

环孔材　ring porous wood　08.042

环裂　ring shake　08.161

环阻法　banding　03.091

荒地　waste land, wild land　04.192

荒漠化　desertification　05.087

荒溪侵蚀　torrent erosion　05.022

荒溪治理　torrent control　05.071

黄酮类化合物　flavonoid　09.222

黄烷醇　flavanol　09.223

灰板条　lath　08.116

茴脑　anethole　09.264

茴香油　anise oil　09.243

＊回归年　cutting cycle, cutting interval　04.109

回空索　haulback line　07.062

回色　color reversion　09.384

混交方法　pattern of mixture　02.135

混交类型　type of mixture　02.134

混交林　mixed forest　01.025

活地被物层　ground vegetation　02.050

活烧　live burning　03.172

活性炭　active carbon, activated carbon
　09.067

[活性炭]活化炉　activating oven　09.080

火疤　fire scar　03.171

火暴　fire storm　03.151

火场型　burn pattern　03.159

火烈度　fire severity　03.164

火蔓延　fire spread　03.153

火强度　fire intensity　03.163

火烧迹地　burned area　03.189

火生态　fire ecology　03.160

火势　fire behavior　03.162

火头　fire head　03.154

火尾　fire rear　03.155

火险　fire danger　03.102

火险级　fire danger rating　03.109

火险频度　fire frequency　03.107

火险期　fire danger season　03.103

火险区　fire danger division　03.106

火险天气　fire danger weather　03.104

火险天气预报　fire weather forecast　03.105

火险图　fire risk map　03.110

火险指标　fire danger index　03.108

＊火行为　fire behavior　03.162

火旋风　fire whirl　03.158

火焰传播速度　rate of flame spread　08.213

＊火翼　flank fire　03.144

火缘　fire edge　03.156

货币收获表　money yield table　04.102

J

基础种植　foundation planting　06.067

基因资源　genetic resources　03.194

机降灭火队　helitack crew　03.120

机械疏伐　mechanical thinning　02.181

*稽核法　method of control, control method, check method, examination method　04.157

吉丁虫　flatheaded borer　03.066

集材　skidding, yarding　07.038

集材场　upper landing, forest depot　07.077

集材道　skidding road, skidding trail　07.053

集材杆　spar　07.064

集材机械　skidding machinery　07.245

*[集材]爬犁　logging sledge, sled　07.043

[集材]撬　logging sledge, sled　07.043

集材拖拉机　skidder, logging tractor　07.246

*集成薄木　integrated veneer　08.288

集成单板　integrated veneer　08.288

集体林　collectively owned forest　04.154

集约林业　intensive forestry　01.060

集运机　forwarder　07.250

挤涂机　extrusion coater　08.450

己聚糖　hexosan　09.042

*计划火烧　prescribed burning　03.178

纪念公园　memorial park　06.043

夹锯　binding, pinching　07.022

夹生浆　undercooked pulp　09.319

夹心板　sandwich panel　08.278

加拿大香胶　Canada balsam　09.278

加速侵蚀　accelerated erosion　05.010

加楔　wedging　08.249

加压纤维分离　pressurized refining　08.340

加压纤维分离机　pressurized refiner　08.462

*甲醇　wood spirit　09.075

假山　artificial hill　06.117

假植　heel in　02.117

价格生长　price increment　04.020

价值平分法　value frame work　04.131

架杆兜卸机　frame unloader　07.270

架杆装车机　A-frame loader　07.269

架空可燃物　aerial fuels　03.133

[架空]索道　skyline, cableway　07.056

[架空]索道集材　skyline yarding, suspended cable yarding　07.055

[架空]索道运材　cableway hauling　07.095

架空园　hanging garden　06.060

坚木栲胶　quebracho extract　09.183

检查法　method of control, control method, check method, examination method　04.157

检尺长　length class　07.152

检尺径　diameter class　07.151

碱处理　alkaline treatment　09.341

碱法浆　alkali pulp　09.309

碱法蒸煮　alkaline cooking　09.332

碱耗　alkali consumption　09.321

碱回收　soda recovery　09.334

碱木素　alkali lignin　09.031

剪草坪　mowing　06.111

剪切　clipping　08.300

剪切机　clipper　08.428

减反率法　Gentan probability method　04.208

键　key　08.252

键接　keyed joint　08.241

渐伐　shelterwood cutting　02.199

溅蚀　splash erosion　05.013

间断开沟植树机　intermittent furrow planter　07.214

间接扑火　indirect fire suppression　03.183

浆料　stuff　09.352

浆砌石谷坊　mortar stone check dam　05.134

降雨侵蚀　rainfall erosion　05.021

焦棓酸　pyrogallic acid　09.200

胶斑　glue stain　08.322

胶合板　plywood　08.269

胶合板材　peeler log, veneer bolt　07.162

胶接　glued joint　08.240

胶膜[纸]　film adhesive　08.293

胶团　glue ball　08.382

交叉楞　cross pile　07.141

交错纹理　interlocked grain　08.059

交织　interfelting　08.343

脚手杆　scaffold　07.167

角规　angle gauge　04.094

角规常数　basal area factor　04.007

绞盘机　winch　07.251

绞盘机集材　high lead yarding　07.051

较差法 difference method 04.122

接锯机 brazer 08.413

皆伐 clear cutting 02.195

街道花园 street garden 06.036

街道绿地 street green area 06.053

街道绿化 street planting 06.052

街坊花园 neighbourhood garden 06.035

截梢 topping 07.035

截头锯 trimmer 08.404

节腐 knot rot 03.026

节子 knot 08.032

* 结合水 bound water 08.078

解放伐 liberation cutting 02.169

金属箔贴面 metal foil overlay 08.389

紧度 closeness 09.372

进界生长 ingrowth 04.018

禁猎区 refuge, wildlife reserve 03.213

近熟林 near mature forest 04.242

浸胶[层]压[缩]木 compreg, compregnated wood 08.393

浸胶木 impreg 08.394

浸提松节油 steam distilled wood turpentine 09.092

浸提松香 steam distilled rosin, wood rosin 09.085

浸注性 impregnatability 08.189

浸渍 dipping 08.188

荆树栲胶 wattle extract, mimosa extract 09.188

精磨机 refiner 08.464

精选树 elite tree 02.062

精油 essential oil 09.242

精制松香 refined rosin 09.087

[经济材]出材量 merchantable volume 04.146

经济成熟 economical maturity 04.233

经济林 non-timber product forest 01.019

经济蓄积 economic volume 04.166

经理期 working plan period 04.237

经验收获表 empirical yield table 04.099

经营类型 working group, working section,

management class 04.222

经营择伐 management selection cutting, intensive selection cutting 02.208

* 径级 diameter grade, diameter class 04.040

径级择伐 diameter limit selection cutting, extensive selection cutting 02.209

径阶 diameter grade, diameter class 04.040

径裂 radial shake 08.162

径流系数 runoff coefficient 05.051

径切面 radial section 08.024

径向下锯法 center sawn 08.125

净保持量 net retention 08.191

净面材 clear cutting board 08.109

* 鸠尾榫 dovetail tenon 08.256

居住区公园 residential district park 06.048

居住区绿地 residential district green area 06.050

居住小区花园 community park 06.049

局部分布区产地试验 limited range provenance trial 02.075

局部整地 partial soil preparation 02.140

聚合松香 polymerized rosin 09.109

拒受点 refusal point, virtual refusal 08.190

具缘纹孔[对] bordered pit [pair] 08.067

锯材 sawn timber 08.100

锯材原木 saw log 07.160

[锯]齿料 tooth setting 08.130

锯机 sawing machine 08.398

锯链锉磨机 saw chain filing machine 07.241

锯路 saw kerf 08.129

锯剖图 sawing pattern 08.121

锯切单板 sawn veneer 08.285

卷取 reeling 08.298

卷丝 curl 08.360

卷筒机 reeling machine 08.435

绝对形率 absolute form quotient 04.059

均匀渐伐 uniform shelterwood cutting 02.204

菌根 mycorrhizae 03.052

菌根真菌 mycorrhizal fungi 03.053

菌圃 fungus garden 03.087

K

开槽机　groover　08.427
开槽锯　grooving saw　08.406
开放陈化时间　open assembly time　08.308
开放性缺陷　open defect　08.323
开榫　tenoning　08.250
开榫机　tenoner　08.426
莶烯　carene　09.149
莰烯　camphene　09.150
糠醛　furfural　09.057
抗旱保墒耕作　storing water tillage　05.080
抗张强度　tensile strength　09.358
栲胶　tannin extract　09.178
栲树栲胶　mangrove extract　09.182
柯黎勒酸　chebulinic acid　09.201
柯子酸　chebulic acid　09.202
壳脑醛酸　jalaric acid　09.239
可变密度收获表　variable density yield table　04.101
可变样地法　variable plot method　04.006
可燃物含水量　fuel moisture content　03.131
可燃物类型　fuel type　03.132
克-贝纤维素　Cross and Bevan cellulose　09.024
克拉夫特分级法　Kraft's tree classification　02.173
克拉松木素　Klason lignin　09.044
刻槽　impression　03.088
刻痕　incising　08.187

垦复　improvement of stand condition　02.191
坑道系统　gallery pattern system　03.078
坑木　pit prop, mine timber　07.166
空细胞法　empty-cell process　08.176
空心细木工板　hollow-core board　08.277
孔口拦沙坝　sediment storage dam with hole　05.138
枯立木　snag, dead standing tree　04.071
枯梢病　die-back　03.008
枯损量　mortality　04.218
枯损模型　mortality model　04.022
枯枝落叶层　litter　02.034
块状渐伐　group-shelterwood cutting　02.206
块状整地　spot soil preparation　02.142
快速蒸煮　high speed cooking　09.338
宽带砂光机　wide-belt sanding　08.459
＊宽埂梯田　sloping terrace　05.123
狂燃火　conflagration fire　03.146
框锯　frame saw　08.399
＊溃缩　collapse, washboarding　08.155
捆木索　chocker　07.054
扩散法　diffusion process　08.178
扩散洗涤　diffuser washing　09.345
扩展性溃疡　diffuse canker　03.029
阔叶林　broad leaved forest　01.011
阔叶树材　hardwood　08.003
阔叶树害虫　pests of broadleaf trees　03.062

L

＊来料　furnishes　08.372
蓝变　blue stain　03.048
拦木架　catching trestle　07.102
拦沙坝　sediment storage dam　05.136
拦水沟埂　retaining ditch and embankment　05.130
缆车道　cable-railroad　07.089
缆索起重机　cable crane　07.276
廊　gallery　06.122

劳动生产率最高成熟　maturity of largest labor productivity　04.235
涝池　pond　05.128
雷击火　lightning fire　03.142
棱镜角规　prism, optical wedge　04.095
楞堆　log pile, log stack　07.137
楞区　log pile area, stacking area　07.126
冷杉醇　abienol　09.285
冷杉酸　abieninic acid　09.284

冷杉香胶　abies balsam　09.282
篱架式整枝　espalier　06.077
离缝　gap, open joint　08.317
理财成熟　financial maturity　04.232
里克求积式　Riecker's formula　04.031
栗木栲胶　chestnut extract　09.186
* 历史园林　ancient garden, historical garden　06.022
* 利用成熟　technical maturity　04.226
利用率法　utilization percent method, rational method　04.121
立地　site　02.014
立地分类　site classification　02.125
立地类型　site type　02.015
立地评价　site evaluation　02.124
* 立地指数　site index　04.220
* 立枯病　damping-off　03.012
立面图　elevation　06.102
立木　standing tree　04.064
立木材积表　tree volume table　04.133
立木度　stocking percent　04.082
立木腐朽　decay of living tree　03.039
* 立木价　stumpage price, forest value　04.246
立木蓄积[量]　growing stock　04.065
粒胶　seed lac　09.225
连年生长量　current annual increment　04.012
连年作业　annual working, current yield system　04.214
连续开沟植树机　continuous furrow planter　07.213
链锯　chain saw　07.238
链式输送机　chain conveyor　07.277
量尺　measuring for bucking　07.032
瞭望塔　lookout tower　*03.123
裂环　split ring　08.257
裂纹　craze　08.324
猎具　hunting tackles　03.215
林[业用]地　forestry land　04.185
林班　compartment　04.178
林产化学产品　forest chemical products, silvichemicals　09.001
林产化学加工学　chemical processing of forest products　01.052

林场　forest farm　04.170
林场经营档案　management archives of forest farm　04.264
林道　forest road　07.081
林道密度　forest road density　07.083
林道网　forest road network　07.082
林地清理机械　site preparation machinery　07.188
林地土壤改良　forest land amelioration　05.117
林分　stand　02.006
林分表　stand table　04.069
林分出材率　outturn of stand　04.147
林分调查因子　stand description factors　04.066
林分改造　stand improvement　02.220
林分更新方程　stand renewal equation　04.209
林分结构　stand structure　02.044
* 林分经济法　management by compartment　04.132
林分经营法　management by compartment　04.132
林分密度　stand density　02.011
林分密度控制图　stand density control diagram　02.185
林分密度指数　stand density index　04.081
林分起源　origin of stand　02.009
林分生长量　stand growth　04.014
林分收获模型　stand yield model　04.103
林分信息　stand information　04.254
林分质量　stand quality　04.221
林分组成　stand composition　02.007
林副产品　forest by-product　04.183
林冠层　forest canopy　02.026
* 林化产品　forest chemical products, silvichemicals　09.001
林火　forest fire　03.100
林火等级　forest fire size class　03.165
林火管理　forest fire management　03.173
林火破坏力　forest fire destructive power　03.161
林火探测　forest fire detection　03.112
林火通讯系统　forest fire communication

system 03.129

林火巡护员 fire patrol 03.119

林火预测预报 forest fire prognosis and prediction 03.101

林火预防 forest fire prevention 03.116

林火种类 kinds of forest fire 03.138

林价 stumpage price, forest value 04.246

*林价算法 forest valuation 04.245

林况调查 stand description 04.182

林况公式 formula of forest condition 04.159

林龄 stand age 02.008

林龄空间 age-class space 04.207

林龄向量 age-class vector 04.204

林龄转移概率 age-class-transition probability 04.205

林木分级 tree classification 02.172

林木改良 forest tree improvement 02.060

林木清单文件 tree list file 04.257

林木生长预测系统 tree growth projection system 04.259

林木信息 tree information 04.253

林木选择 selection of tree 02.061

林木引种 introduction of exotic species 02.066

林木育种学 forest tree improvement, forest tree breeding 01.039

林木种子 forest tree seed 02.087

林区公路 forest highway 07.092

*林褥 forest floor 02.035

*林位 stand quality 04.221

林相 forest form 02.010

林相图 stock map, stand map 04.267

林型 forest type 02.043

林学 forest science, forestry 01.030

林业 forestry 01.053

林业法规 forestry regulation 01.065

林业工程学 forest engineering 01.050

林业机械 forestry machinery 07.173

林业计划体系 forestry planning system 04.155

林业经济 forest economy 01.064

林业经济学 forest economics 01.037

林业局 forest enterprise 04.169

林业局总体设计 overall project of forest

enterprises 04.149

林业史 forestry history 01.045

林业政策 forest policy 01.063

林用龙门起重机 forestry gantry crane 07.274

林用装卸桥 forestry overhead travelling crane 07.275

林中空地 clearing 04.191

林种 forest category 01.016

*临时标准地 temporary sample plot 04.009

临时苗圃 temporary nursery 02.097

临时样地 temporary sample plot 04.009

鳞片状侵蚀 squamose erosion 05.037

淋失 leaching 02.032

淋涂机 curtain coater 08.449

淋洗侵蚀 leaching erosion 05.026

檩橼材 purlin and rafter 07.168

菱形变形 diamonding 08.165

龄级 age class 04.215

龄级比例轮伐面积 proportionate area by age class 04.164

龄级表 age-class table 04.239

龄级法 age class method 04.126

龄级期 age-class period 04.238

龄阶 age gradation 04.216

龄组 age group 04.217

硫酸盐浆 kraft pulp, sulfate pulp 09.305

硫酸盐木素 kraft lignin 09.045

硫酸盐松节油 sulfate turpentine 09.093

留弦 holding wood, leave 07.025

瘤锈病 gall rust 03.013

流动沙丘 active dune 05.101

流沙 shifting sand 05.090

[流送]河道整治 floating channel realignment 07.108

流域管理 watershed management 05.069

柳谷坊 willow pile check dam 05.132

龙脑 borneol 09.176

垅作 ridge culture 02.103

楼 storied building 06.125

漏窗 leaking window 06.129

漏刨 skip-in-planing 08.233

路牙 curbstone 06.141

氯化木素 chlorinated lignin 09.032

氯化松香　chlorinated rosin　09.112
滤水性　drainability　09.381
绿地　green area, green space　06.012
绿地覆盖率　green cover percentage　06.100
＊绿雕塑　topiary　06.075
绿化　greening　06.011
绿泥　dregs　09.335
绿液　green liquor　09.337
绿洲　oasis　05.100
轮尺　caliper, diameter-gauge　04.087
轮伐期　rotation, regulatory rotation age

04.106
螺钉接合　screw joint　08.248
螺旋纹理　spiral grain　08.060
罗汉松烷　podocarpane　09.164
罗勒烯　ocimene　09.158
裸根苗　bareroot seedling　02.113
落叶阔叶林　deciduous broadleaved forest
　01.012
落叶松栲胶　larch extract　09.189
落针病　needle cast　03.011

M

马来松香　maleated rosin　09.110
＊埋干造林　planting by layerings　02.149
埋条造林　planting by layerings　02.149
满细胞法　full-cell process　08.175
芒果胶　mango gum　09.280
毛板下锯法　through-and-through sawing
　08.128
毛边材　unedged lumber　08.105
毛布面　felt side　09.379
毛刺　fuzzy grain, woolly grain　08.229
＊毛刺沟痕　torn grain　08.234
毛方　cant　08.104
毛松香　barras　09.083
毛毡花坛　carpet bed　06.080
每木调查　tally　04.068
＊每木检尺　tally　04.068
美国白蛾　American white moth　03.094
萌芽更新　regeneration from sprouts　02.213
免耕法　no tillage　05.083
面层　covering, surface layer　06.137
面积控制法　area control method, area regula-
　tion method　04.117
面积平分法　area frame work, area period
　method　04.128
面蚀　surface erosion　05.012
苗床　seedbed　02.101
苗木　nursery stock, planting stock　02.098
苗木包装　seedling packing　02.120
苗木出圃　outplanting　02.115
苗木打包机　seedling packing machine

07.204
苗木分级　seedling sorting　02.119
苗木移植机　seedling transplanter　07.200
苗木贮藏　seedling storage　02.118
明子　light wood, stump wood　09.088
名胜　famous site, tourist interest　06.025
模拟[森林]调查数据更新　simulated inventory
　data updating　04.256
磨浆机　attrition mill　08.460
磨锯机　saw sharpener　08.414
磨木浆　groundwood pulp, mechanical pulp
　09.304
磨木木素　milled wood lignin　09.029
抹头　heading back　06.110
母坑道　mother gallery　03.083
母树　seed tree　02.088
母树林　seed production stand　02.068
墓园　cemetery　06.051
木板道　plank road, fore-and-aft road
　07.093
木材　wood　08.001
木材败坏　wood deterioration　08.198
木材保管　log preservation and management,
　wood protection in storag　07.142
木材保护　wood protection　08.172
木材变色　wood stain　08.199
木材标准　timber standard, log standard
　07.150
木材叉车　log fork-lift truck　07.273
木材出河　dewatering, hauling up logs from

water 07.129
木材船运 wood barging 07.122
木材的各向异性 anisotropy of wood 08.044
木材等级 log grade 07.153
木材调拨 log allotment 07.146
木材防腐 wood preservation 08.173
木材防腐剂 wood preservative 08.174
木材腐朽 wood decay 08.197
木材干馏 wood destructive distillation
09.061
木材干缩 wood shrinkage 08.084
木材干燥 wood drying 08.135
木材干燥窑 lumber dry kiln 08.416
木材工艺学 wood technology 08.097
木材构造 structure of wood, wood structure
08.020
木材归楞 piling, stacking, banking 07.136
木材过坝 transfer logs over dam 07.120
木材花纹 wood figure 08.061
木材化学 wood chemistry 09.002
木材化学变色 wood chemical stain 08.200
木材加工学 wood processing 01.051
木材检尺 log scaling 07.149
* 木材鉴别 wood identification 08.021
木材陆运 log land transportation 07.080
木材贸易 timber trade 07.148
木材膨胀 wood swelling 08.081
木材破碎 hogging 08.356
木材起重输送机械 log handling and conveying
machinery 07.268
木材气化 wood gasification 09.062
木材切削 wood cutting, wood machining
08.217
木材热解 wood pyrolysis 09.060
木材蠕变 creep of wood 08.019
* 木材润胀 wood swelling 08.081
木材生产 timber production 07.004
* 木材生产机械 logging machinery 07.234
木材识别 wood identification 08.021
木材市场 timber market 07.147
木材水解 wood hydrolysis 09.052
木材水运 log transportation by water 07.099
木材炭化 wood carbonization 09.063
木材糖 wood sugar 09.053

木材提取物 wood extractive 09.037
木材卸车 timber unloading 07.130
木材学 wood science, wood technology
01.048
[木材]液压起重臂 hydraulic log loading boom
07.271
* 木材支拨 log allotment 07.146
木材蛀孔害虫 wood boring insect 08.204
木材贮存 log storage 07.127
木材装车 log loading 07.143
木材装载机 log loader 07.272
木材综合利用 wood comprehensive utilization
08.095
木材阻燃 fire-retarding of wood 08.209
木材阻燃剂 wood fire retardant 08.210
木醋液 pyroligneous liquor 09.076
木段 billet, bolt 08.280
木段定心 centering 08.295
木段装机 log charging 08.296
木酚素 lignan 09.035
木粉 wood flour 08.366
木蜂 carpenter bee 03.074
木腐菌 wood decay fungi 03.051
木工车床 lathe 08.419
木工机械 wood working machinery, wood
processing machine 08.415
木工铣床 milling machine 08.420
木滑道 timber chute 07.047
木浆 wood pulp 09.301
木焦油 wood tar 09.068
木精 wood spirit 09.075
木聚糖 xylan 09.039
木捆排运 bundle rafting 07.119
木沥青 wood pitch 09.072
木煤气 wood gas 09.073
木排 raft 07.115
木排拖轮 tug boat 07.267
木片 chip 08.362
木片打包机 chip packing machine 07.292
木片风送机 chip blower 07.291
木片料仓 chip bin 08.474
木片水洗 chip washing 08.335
木片运输车 chip van 07.293
木片蒸煮 chip steaming 08.336

木射线 wood ray, xylem ray 08.047
木丝 excelsior, wood wool 08.365
木丝刨切 wood wool machining 08.359
* 木松节油 steam distilled wood turpentine 09.092
* 木松香 steam distilled rosin, wood rosin 09.085
木素 lignin 09.026
木素分解 lignolysis 09.033
木素-碳水化合物复合体 lignin-carbohydrate complex 09.043
木素原体 lignin precursor 09.025
木炭 charcoal 09.064
木糖 xylose 09.054

木糖醇 xylitol 09.055
木心 core 08.282
木蚁 carpenter ant 03.073
木杂酚油 wood creosote 09.074
* 木脂素 lignan 09.035
木制品 wooden article 08.236
木质部 xylem 08.029
木质醇 lignol 09.036
木质化 lignification 09.034
木质化纤维 lignified fiber 09.004
木质人造板 wood-based panel 08.267
* 木质素 lignin 09.026
木蠹蛾 carpenter moth 03.072
目标林 objective forest 04.212

N

耐寒树种 winter hardy tree species 02.019
耐火极限 limit of fire resistance 08.211
耐破度 burst 09.371
耐揉性 crumpling resistance 09.383
耐荫树种 shade-tolerant tree species 02.017
耐折度 folding endurance 09.365
耐皱性 crease resistance 09.382
楠木油 machilus oil, nanmu oil 09.256
内莰烯 endocamphene 09.146
内热[干馏]釜 internal gas-heated retort 09.079
内生菌根 endomycorrhiza 03.055
内外生菌根 ectendotrophic mycorrhiza 03.056
能源林 energy forest 01.021
泥流 mudflow 05.025
泥沙输移比 sediment delivery ratio, SDR 05.055
泥石流 debris flow 05.036

泥石流侵蚀 debris flow erosion 05.024
拟侵填体 tylosoid 08.094
* 逆表面硬化 reverse casehardening 08.153
逆铣 up milling, conventional milling 08.227
粘板 fiber sticking 08.344
粘状打浆 shiny beating, slow beating 09.367
年伐量 annual cut, annual yield 04.114
年伐面积 annual coupe, annual cutting area 04.115
年轮 annual ring 08.039
鸟类保护区 bird sanctuary 03.204
鸟瞰图 bird's-eye view 06.105
柠檬油 lemon oil 09.258
牛顿求积式 Newton's formula 04.030
扭曲 twisting, winding 08.166
农林复合生态系统 integral agroforestry ecosystem 02.003
农田防护林 farmland shelter-belt 05.107

P

排节 raft section 07.113
排捆 raft bundle 07.117
排运 rafting 07.118
蒎酸 pinic acid 09.162
蒎酮酸 pinonic acid 09.137

蒎烷 pinane 09.170
蒎烯 pinene 09.138
攀缘植物 climbing plant, twining plant 06.086
抛木机 log kicker, log ejecter 07.283

跑车　carriage　07.057
跑锯材　miss cut lumber　08.112
疱锈病　blister rust　03.010
喷胶机　glue sprayer　08.478
喷泉　fountain　06.120
喷涂机　spraying coater　08.451
盆景　penjing, miniature landscape, bonsai 06.064
片蚀　sheet erosion　05.014
漂白　bleach　09.323
漂白浆　bleach pulp　09.316
漂白紫胶　bleached lac　09.226
漂率　bleachability　09.324
拼接　jointing　08.237
频压法　alternating pressure process　08.182
平板干燥机　plate-press dryer　08.444
平分法　frame work method, allotment methods　04.127
平衡含水率　equilibrium moisture content 08.079

平均标准木法　method of mean sample tree, mean tree method　04.075
* 平均断面积求积式　Simalian's formula 04.033
平均木　average tree　04.074
平均年生长量　mean annual increment 04.013
平刨机　planer, surfacer　08.417
坡地植树机　steep slope tree planter　07.216
坡式梯田　sloping terrace　05.123
* 剖面密度　profile density　08.381
扑火　fire suppression　03.180
铺草皮　turfing　06.112
铺地设计　paving design　06.101
铺装　felting　08.371
铺装机　felting machine　08.480
葡聚糖　glucan, glucosan　09.040
葡糖醛酸木聚糖　glucuronoxylan　09.051
瀑布　water fall　06.138

Q

期初蓄积　initial volume　04.165
期中数据更新　midcycle data updating 04.255
漆酚　laccol　09.295
漆蜡　lacquer wax　09.297
漆酶　laccase　09.296
漆叶栲胶　sumach extract　09.184
歧化松香　disproportionated rosin　09.108
齐边　trimming　08.312
* 齐边机　edger　08.403
起脊装车法　ridging loading method　07.144
起苗　lifting [of seedlings]　02.116
起苗机　seedling lifter, plant lifter　07.202
起苗联合机　seedling harvester　07.205
起始剂量值　threshold value　08.208
起霜　bloom　08.196
* 气干　natural seasoning, air seasoning　08.136
气干材　air-seasoned timber　08.145
气球集材　balloon logging　07.072
气生植物　aerial plant　06.090
汽车列车运材　truck-trailer log hauling

07.091
汽车运材　log transportation by truck, truck hauling　07.090
汽射法　steam blow, vapour injection process 08.373
汽油动力链锯　gasoline powered chain saw, chain saw　07.239
牵引索　haul line, main line　07.061
浅色松香　pale rosin　09.117
枪注法　gun-injection process　08.186
羟甲基糠醛　hydroxymethyl furfural　09.058
墙园　wall garden　06.055
强化松香　fortified rosin　09.107
乔林　high forest　01.007
乔木层　tree stratum　02.048
翘曲　warp, warping, distortion　08.164
切根机　root cutter　07.201
切沟侵蚀　gully erosion　05.016
切碎机　cutter mill　08.470
切条机　cutting cutter　07.198
切削崩痕　chipped grain　08.230

切削波纹　raised grain　08.231

切削沟痕　torn grain　08.234

窃蠹　furniture beetle, drug store beetle
　03.068

侵蚀基准面　erosion basis　05.047

侵蚀模数　erosion modulus　05.045

侵填体　tylosis　08.092

*青变　blue stain　03.048

轻度火烧　light burn　03.167

氢化松香　hydrogenated rosin　09.111

清理火场　mopping up　03.190

球果采集机　cone harvesting machine　07.179

球果采摘机　cone picking machine　07.178

球果干燥机　cone kiln　07.181

球果破碎机　cone breaker　07.182

球果脱粒机　seed extractor　07.184

球果锈病　cone rust　03.015

球蚜　gall aphid　03.063

区分求积　sectional measurement　04.034

区公园　district park　06.034

区划轮伐法　division into annual coupes
　04.118

去翅机　dewinger　07.183

去劣种子园　rogued seed orchard　02.072

去皮材积　volume inside bark　04.045

去皮直径　diameter inside bark, DIB　04.037

全分布区产地试验　wide range provenance
　trial　02.076

全面用火　broadcast burning　03.175

全面整地　overall soil preparation　02.139

全烧　clean burn　03.176

全树利用　whole-tree utilization,
　complete-tree utilization　08.096

全树削片机　whole-tree chipper　07.290

缺胶接合　starve joint　08.315

群状配置　group spacing　02.132

群状择伐　group-selection cutting　02.210

R

燃烧过程　combustion process　03.136

燃烧阶段　combustion phases　03.137

燃烧失重率　rate of lostmass after fire　08.216

燃烧系统　combustion system　03.135

燃烧要素　component of combustion　03.130

惹烯　retene　09.172

热带雨林　tropical rain forest　01.014

热冷槽法　hot and cold bath process　08.177

热模法　thermodyn process　08.377

热磨机　defibrator　08.463

*热磨机械浆　thermomechanical pulp　09.311

热压　hot pressing　08.311

热压机　hot press　08.454

人工促进更新　artificial measures promoting
　regeneration　02.219

人工干燥　artificial seasoning　08.137

人工更新　artificial reforestation　02.084

人工混交林　mixture plantation　02.133

人工林　forest plantation, man-made forest
　01.005

人工区划法　artificial division method　04.176

人力集材　manual skidding　07.041

人为侵蚀　anthropogenic erosion　05.008

*人造板　wood-based panel　08.267

[人造板]板材　panel　08.265

人造板机械　wood based panel manufacturing
　machinery　08.430

韧皮部　phloem, bast　08.026

韧皮纤维　phloem fiber, bast fiber　08.027

日灼　sunscald　03.031

融雪侵蚀　snow melt erosion　05.040

溶解[木]焦油　soluble wood tar　09.070

容器苗　container seedling　02.114

容器苗栽植器　planting tube　07.209

容器育苗装播机　filling and sowing equipment
　for containerset　07.207

容器制作机　containerset making machine
　07.206

容许采伐单位　allowable cutting unit　04.163

容许采伐量　allowable cut　04.113

鞣花单宁　ellagitannin　09.198

鞣花酸　ellagic acid　09.206

*鞣质　tannin　09.191

柔软性　softness　09.362

肉桂[皮]油 cassia oil 09.246
肉食植物 carnivorus plant 06.091
软腐 soft rot 08.203
软浆 soft pulp 09.318
软木 cork 09.291

软木板 cork board 09.292
软木纸 cork sheet 09.294
软木砖 cork block 09.293
软埂 broad-base terrace 05.124
软质纤维板 insulation board 08.330

S

撒播 broadcast sowing 02.104
"三北"防护林 "Three North" protection forest 05.104
*三类调查 forest operational inventory 04.003
三面下锯法 three-faced sawing 08.126
三元材积表 three-way volume table 04.138
*伞伐 shelterwood cutting 02.199
散孔材 diffuse porous wood 08.040
桑寄生 parasite scurrula 03.022
森林 forest 01.001
森林保护 forest protection 03.001
森林保护机械 forest protection machinery 07.226
森林病理学 forest pathology 01.041
森林采伐 forest harvesting 07.005
[森林]采伐机械 felling machinery 07.237
[森林]采伐联合机 forest harvesting combine, tree harvester 07.255
森林采运 logging 07.001
森林采运工程 logging engineering, forest engineering 07.002
[森林]采运机械 logging machinery 07.234
[森林]采运机械化 logging mechanization 07.235
[森林]采运机械系统 logging machine system 07.236
森林测计学 forest mensuration 01.043
森林成熟 forest maturity 04.223
森林成图 forest mapping 04.265
森林抽样调查 forest inventory by using sampling method 04.023
森林调查 forest inventory 04.001
森林动物 forest animals 03.200
森林分布图 forest map 04.268
森林抚育机械 forest cultivation machinery

07.221
森林腐殖质 forest humus 02.036
森林覆盖率 forest coverage, percentage of forest cover 01.055
森林改良土壤 amelioration with protection forest 05.118
森林工业 forest industry 01.061
森林公园 forest park 06.019
森林航空调查 forest aerial survey 04.026
森林环境 forest environment 02.013
森林较利学 forest statics 04.247
*森林界限 forest line, forest limit 02.058
森林经理调查 forest management inventory 04.002
森林经理复查 revision of working plan, revision of forest management plan 04.250
森林经理规程 forest management rules 04.156
森林经理学 forest management 01.044
森林经营 forest management 01.062
森林经营方案 forest working plan, forest management plan 04.249
*森林经营方案的修订 revision of working plan, revision of forest management plan 04.250
森林开发 forest exploitation 07.003
森林可及度 accessibility of forest 04.195
森林昆虫 forest insect 03.057
森林昆虫学 forest entomology 01.042
森林利用学 forest utilization 01.049
森林苗圃 forest nursery 02.095
森林能量平衡 energy equilibrium in forest 02.005
森林培育学 silviculture 01.040
森林评价 forest valuation 04.245
森林期望价 expectation value of forest 04.234

森林气候　forest climate　02.023

森林气象学　forest meteorology　01.033

* 森林清查　forest inventory　04.001

森林区划　forest division　04.174

森林群落　forest community　02.042

森林生态系统　forest ecosystem　02.001

森林生态学　forest ecology　01.036

森林生物学　forest biology　01.035

* 森林施业案　forest working plan, forest management plan　04.249

森林收获模拟模型　forest harvesting simulation model　04.260

森林水文　forest hydrology　02.027

森林铁路　forest railroad　07.088

森林土壤　forest soil　02.033

森林土壤学　forest soil science　01.034

森林无性更新　vegetative forest regeneration　02.212

森林物质循环　mineral cycling in forest, material cycling in forest　02.004

森林线　forest line, forest limit　02.058

森林消防车　forest fire-fighting caravan　07.233

森林效益　forest effect　01.056

森林遗传学　forest genetics　01.038

森林永续利用　sustained yield of forest　04.196

* 森林永续收获　sustained yield of forest　04.196

森林游乐　forest recreation　06.018

森林种子更新　forest regeneration from seeds　02.211

森林转移稳定性　forest transition stability　04.206

森林资源　forest resources　01.054

森林资源代码　forest resource code　04.266

森林资源档案　forest resource archives, forest resource record　04.263

森林资源连续清查　continuous forest inventory　04.024

森林资源评价系统　forest resources evaluation system　04.261

森林资源数据库　forest resource data base　04.258

森林资源信息系统　forest resource information system　04.252

森林作业法　silvicultural system　02.192

森铁机车　logging locomotive, dinkey　07.264

森铁台车　forestry railroad car, disconnected truck　07.265

森铁运材　forest railroad transportation　07.087

砂光　sanding　08.313

砂光机　sanding machine　08.457

沙漠　desert　05.089

沙漠化　desertization　05.095

沙丘　dune　05.096

沙丘链　chain of sand dunes　05.097

沙障　checkerboard protection　05.102

筛选机　screen, sieve machine　08.475

杉木油　san-mou oil　09.262

山苍子油　litsea cubeba oil, litsea citrata oil　09.244

山达海松酸　Sandaracopimaric acid　09.132

山洪排导工程　torrential flood drainage works　05.140

山洪侵蚀　torrential flood erosion　05.023

山坡防护林　slope protection forest　05.112

山坡截流沟　drainage ditch on slope　05.126

山坡水土保持工程　technical measures of soil and water conservation on slope　05.120

* 山上楞场　upper landing, forest depot　07.077

山水园　mountain and water garden　06.028

商品材　merchantable log　07.157

上[锯]口　felling cut　07.023

上层疏伐　crown thinning, thinning from above　02.180

上方遮荫　overhead shading　02.109

* 上楂　felling cut　07.023

梢头木　topwood　04.049

* 烧材　fuel wood　07.172

烧碱法浆　soda pulp　09.307

射线管胞　ray tracheid　08.048

伸长率　tensile stretch　09.359

深耕法　deep ploughing　05.084

深栽钻孔机　deep planting auger　07.211

渗出性　leachability　08.194

生材　green wood　08.006

树木园 arboretum 06.045

树木造型 topiary 06.075

树木造型艺术 topiary art 06.076

树皮 bark 08.025

树皮率 percent of bark 04.048

* 树液置换法 Boucherie process 08.184

树脂道 resin duct, resin canal 08.034

树脂囊 pitch pocket 08.035

树脂酸 resin acid 09.045

树脂条纹 pitch streak 08.036

树脂障碍 pitch trouble 08.345

树种代码 species code 04.262

树种选择 choice of tree species 02.127

数量成熟 quantitative maturity 04.224

* 数式法 method of regulating yield [by comparing actual with normal crops] 04.120

数式平分法 formula method of periods by area and volume combined 04.124

衰退病 decline disease 03.021

* 栓皮 cork 09.291

双扩散法 double-diffusion process 08.179

双戊烯 dipentene 09.144

双戊烯树脂 dipentene resin 09.168

双因素法 two-factor method, two-way method 04.017

双真空法 double vacuum process 08.180

双蒎烯 dipinene 09.145

水筏道 rafting channel 07.121

水合萜烯 terpene hydrate 09.140

水滑道 wet chute, flume 07.048

水化度 degree of hydration 09.351

水化纤维素 hydrated cellulose 09.020

水窖 water cellar 05.127

水解类单宁 hydrolysable tannin 09.195

水解类栲胶 hydrolysable tannin extract 09.181

水解木素 hydrolytic lignin 09.056

水库防护林 reservoir protection forest 05.115

水泥木丝板 wood wool cement board 08.355

水泥刨花板 cement particle board 08.354

水平沟 horizontal ditch, level trench 05.076

水平阶 level bench 05.075

水平梯田 bench terrace 05.122

水芹烯 phellandrene 09.151

水禽保护区 waterfowl refuge 03.205

水上作业场 boomage 07.109

水生植物 aquatic plant 06.093

水蚀 water erosion 05.011

水蚀程度 degree of water erosion 05.043

水蚀强度 intensity of water erosion 05.044

水损失 water loss 05.004

水土保持措施 soil and water conservation measures 05.072

水土保持耕作措施 soil and water conservation tillage measures 05.073

水土保持工程学 soil and water conservation engineering 05.119

水土保持工作条例 Act of soil and water conservation 05.062

水土保持规划 soil and water conservation planning 05.067

水土保持林 soil and water conservation forest 05.105

水土保持林草措施 forest-grass measures for soil and water conservation 05.085

水土保持区划 soil and water conservation regionalization 05.066

水土保持效益 soil and water conservation benefit 05.065

水土保持学 soil and water conservation 01.046

水土流失 soil and water losses 05.001

水线 dry line 09.380

水源涵养林 water conservation forest 05.110

水资源 water resource 05.063

顺风火 head fire 03.148

顺河缆 longitudinal boom 07.106

顺纹抗剪强度 shear strength parallel to grain 08.089

顺纹抗拉强度 tensile strength parallel to grain 08.086

顺纹抗压强度 compression strength parallel to grain 08.085

顺铣 down milling, climb milling 08.226

斯克里布纳原木板积表 Scribner log rule

04.140

撕裂 tearing 08.235

撕裂度 tear strength 09.357

死地被物 forest floor 02.035

死亡木 dead tree 02.178

四面下锯法 four-faced sawing 08.127

四旁植树 four-side tree planting 02.086

四氢枞酸 tetrahydroabietic acid 09.129

饲料酵母 fodder yeast, feed yeast 09.059

松材线虫 pine wood nematode 03.019

松干蚧 Matsumura pine scale 03.096

松根油 pine root oil 09.289

松焦油 pine tar 09.069

松节油 turpentine [oil] 09.090

松紧式索道 slack line system 07.069

松毛虫 pine caterpillars 03.093

松散纹理 loosened grain 08.057

松突圆蚧 pine greedy scale 03.097

松香 rosin, colophony 09.082

松香胺 rosin amine 09.113

松香色级 color grades of rosin 09.119

松香酸 rosin acid 09.120

松香盐 rosin salt 09.116

松香油 rosin oil, retinol 09.118

松香腈 rosin nitrile 09.114

松香酯 rosin ester 09.115

松叶酸 pinifolic acid 09.287

松油 pine oil 09.261

松油醇 terpineol 09.143

* 松油精 dipentene 09.144

松针油 pine needle oil 09.248

松脂 pine oleoresin, pine gum 09.081

松脂酚 pinoresinol 09.134

* 松脂素 pinoresinol 09.134

速测镜 relascope 04.093

速生丰产林 fast-growing and high-yield plantation 01.006

速行火 running fire 03.149

塑合木 wood plastic composite 08.396

溯源侵蚀 headward erosion 05.017

酸法蒸煮 acid cooking 09.333

髓斑 pith fleck 08.031

髓心 pith 08.030

碎料 particle 08.367

* 碎料板 particle board, chipboard 08.346

碎木机 hog[ger] 08.468

榫槽接合 tongue and groove joint, mortice and tenon joint 08.242

缩合类单宁 condensed tannin 09.194

缩合类栲胶 condensed tannin extract 09.180

索道绞盘机 yarder, skyline winch 07.253

索具 rigging 07.065

* 索式集材拖拉机 cable skidder 07.247

索式输送机 cable conveyor 07.278

索系 cable system 07.059

T

塔 pagoda 06.127

塔里夫材积表 Tarif table 04.134

台 terrace 06.124

台地园 terrace garden 06.061

台榭 terraced building 06.123

太阳能干燥 solar drying 08.141

探火热象仪 thermal imaging system for fire detecting 07.230

炭化长度 char length 08.212

糖醛酸 uronic acid 09.047

桃胶 peach gum 09.283

特别危险地段 area of special risk 03.111

特有种 endemic species 03.208

特种用途林 forest for special use 01.022

* 腾贵生长 price increment 04.020

梯田 terrace 05.121

梯田埂造林 terrace ridge afforestation 05.114

体育公园 sports park 06.039

天际线 skyline 06.106

天牛 longhorn beetle 03.064

天牛[幼虫] roundheaded borer 03.065

天然纪念物 natural monument 06.027

天然林 natural forest 01.004

天然木素 native lignin 09.027

天然树脂 natural resin 09.276

天然纤维　native fiber　09.003

[甜]橙油　orange oil, sweet orange oil　09.259

条播　strip sowing, drill sowing　02.105

调温调湿　conditioning　08.171

调整期　regulation period, regulatory period　04.108

萜酚树脂　terpene-phenolic resin　09.169

萜类化合物　terpenoid　09.141

* 萜品醇　terpineol　09.143

萜品烯　terpinene　09.157

萜品油烯　terpinolene　09.156

萜烯　terpene　09.139

萜烯醇　terpenol　09.142

萜烯树脂　terpene resin　09.167

贴面　overlay　08.385

PVC 贴面　PVC film overlay　08.386

亭　pavilion　06.121

挺度　stiffness　09.360

通气孔　ventilation hole　03.086

通用土壤流失方程式　universal soil loss equation, USLE　05.056

桐油　tung oil　09.290

同龄林　evenaged forest　01.026

筒蠹　timber beetle　03.070

偷猎　poaching　03.216

头木作业　pollard method　02.217

透冠雨　throughfall　02.031

透光伐　cleaning, release cutting　02.165

透胶　bleed-through　08.321

透入度　penetrability　08.192

* 透入性　penetrability　08.192

透榫　through tenon　08.254

突缘饰　nosing　08.258

涂布　coating　09.375

涂胶　glue spreading　08.305

涂胶机　glue spreader, glue coater　08.447

涂饰　finishing, coating　08.384

土崩　earth fall　05.032

土地期望价　land expectation value　04.231

土地资源　land resource　05.064

土耳其桔子单宁　Turkish gallotannin　09.197

土方工程　earth work　06.114

土滑道　dirt chute　07.046

土壤保持　soil conservation　05.002

土壤抗冲性　soil anti-scouribility　05.058

土壤抗蚀性　soil anti-erodibility　05.059

土壤流失量　soil loss amount　05.060

土壤侵蚀　soil erosion　05.003

土壤侵蚀类型　soil erosion type　05.068

土壤养分流失　loss of soil nutrient　05.039

土炭窑　earth kiln　09.077

菟丝子　dodder　03.025

推河　dumping, watering, launching　07.097

推河楞场　launching site　07.098

推树机　tree dozer　07.191

推移质　bed load　05.053

拖拉机集材　tractor skidding　07.052

脱氢枞酸　dehydroabietic acid　09.127

脱色紫胶片　decolorized shellac　09.228

W

挖根犁　root plow　07.194

挖坑机　earth auger　07.210

挖穴式植树机　automatic injection planter　07.215

瓦形弯　cupping　08.169

外来植物　exotic plant　06.087

外生菌根　ectomycorrhiza　03.054

完满立木度　fully stocked, fully stocking percent　04.083

完全调整林　fully regulated forest　04.211

晚材　late wood, summer wood　08.011

万能圆锯　radial-arm saw　08.407

网带干燥机　wire belt dryer　08.442

望点　Pressler reference point　04.061

望高法　Pressler method　04.063

望远速测镜　tele-relascope　04.092

威氏模压法　Werzalit process　08.379

微薄木　micro-veneer　08.286

微波干燥　microwave drying　08.140

微晶纤维素　microcrystalline cellulose　09.015

微纤丝　microfibril　09.009

桅杆材　mast timber　07.171

围尺　diameter tape　04.088
围猎　hunt units　03.218
伪年轮　false ring　04.085
卫生伐　sanitation cutting　02.167
卫星探火　fire detection by satellite remote sensing　03.114
文化公园　cultural park　06.038
纹孔　pit　08.065
纹孔闭塞　pit aspiration　08.075
纹孔道　pit canal　08.072
纹孔环　pit annulus　08.069
纹孔口　pit aperture, orifice　08.070
纹孔腔　pit cavity　08.073
纹孔塞　torus, pit torus　08.076
纹孔室　pit chamber　08.074
纹孔缘　pit border　08.071
握索器　clip, clamp　07.066

乌桕油　Chinese tallow　09.263
屋顶花园　roof top garden　06.057
无车立柱装车法　loading without car stake　07.145
无疵木材　clear wood　08.009
无定形纤维素　amorphous cellulose　09.014
无动力索道　gravity skyline system　07.068
无林地　non-stocked land　04.189
[无林地]造林　afforestation　02.085
无屑切削　chipless cutting　08.218
无性系测定　clonal test　02.078
无性系种子园　clonal seed orchard　02.070
五倍子　Chinese gall, Chinese gallnut　09.179
五倍子虫　Chinese gall aphid　03.098
* 五倍子单宁　Chinese tannin　09.196
* 五倍子酸　gallic acid　09.199
戊聚糖　pentosan　09.041

X

西马林求积式　Simalian's formula　04.033
吸墨性　ink absorption　09.370
吸湿性　hygroscopicity　09.361
吸着水　bound water　08.078
稀有种　rare species　03.207
溪　stream　06.139
喜光树种　intolerant tree species　02.016
喜温树种　thermophilous tree species　02.018
铣削车床　shaping lathe　08.422
细班　subplot　04.180
细胞壁　cell wall　08.063
细胞腔　cell lumen, cell cavity　08.062
细腐殖质　mild humus, mull　02.038
细沟侵蚀　rill erosion　05.015
细浆　screened pulp　09.325
细结构　fine texture　08.055
细裂　hair crack, hair check　08.160
细木工板　lumber-core board, block board　08.276
细小可燃物　fine fuels　03.134
下层疏伐　low thinning, thinning from below　02.179
下脚料　offcut　08.111
下[锯]口　undercut　07.024

下木层　undergrowth　02.049
下木栽植　underplanting　06.084
下种伐　seed cutting　02.201
* 下楂　undercut　07.024
先锋树种　pioneer [tree species]　02.055
纤丝　fibril　09.008
* 纤丝化　fibrillation　09.010
纤维板　fiber board　08.327
纤维饱和点　fiber saturation point　08.080
纤维分级　fiber classification　08.341
纤维分离　defibration, fiberizing　08.337
纤维精磨　fiber refining　08.338
纤维刨花板　fiber particleboard　08.351
纤维束　fiber bundle　09.347
纤维素　cellulose　09.012
α 纤维素　α-cellulose　09.016
β 纤维素　β-cellulose　09.017
γ 纤维素　γ-cellulose　09.018
纤维素醚类　cellulose ethers　09.023
纤维素纤维　cellulose fiber　09.007
纤维素衍生物　cellulose derivative　09.021
纤维素酯类　cellulose esters　09.022
弦切面　tangential section　08.023
弦向下锯法　plain sawing, flat sawing　08.124

现代侵蚀　recent erosion　05.006

现代园林　modern garden　06.023

现实林　real forest, actual forest　04.167

* 现实收获表　empirical yield table　04.099

陷穴侵蚀　sinking hole erosion　05.029

陷阱　trap　03.220

线抽样　line sampling　04.004

线角　moulding　08.259

线状侵蚀　linear erosion　05.020

香叶烯　myrcene　09.152

箱体成型法　collipress process　08.378

乡村林业　rural forestry　01.057

乡土树种　indigenous tree species, native tree species　02.054

详细设计　design in detail　06.097

橡椀宁酸　valoninic acid　09.204

橡椀酸　valoneaic acid　09.205

橡椀酸二内酯　valoneaic acid dilactone　09.208

橡椀栲胶　valonia extract　09.187

橡椀鞣花素酸　valolaginic acid　09.203

硝化木素　nitrolignin　09.030

硝酸纤维素　nitrocellulose　09.019

削边机　chipping edger　08.412

削度表　taper table　04.062

削片　chipping　08.357

削片-锯解联合机　chipping headrig　08.411

削片压痕　chip mark, bruising　08.232

销接　dowelling joint　08.243

销子　pin　08.251

肖氏打浆度　degree Schopper–Riegler, S.R.　09.350

小班　subcompartment　04.179

小班调查　in-place inventory, subcompartment investigation　04.181

* 小班经理法　subcompartment management method　04.158

小班经营法　subcompartment management method　04.158

小方材　butten　08.114

小复查　intermediate revision　04.251

小径木　undersized log, small wood　07.159

小块状皆伐　clearcutting ɪn patches　02.198

小流域综合治理　small watershed management 05.070

小头直径　top diameter　04.038

小茴香油　fennel oil　09.245

小蠹　bark beetle　03.069

[小蠹]交配室　nuptial chamber　03.081

小蠹坑道　gallery　03.077

楔形栽植　wedge planting　02.154

斜角切削　inclined cutting　08.224

斜接　scarf joint　08.244

斜纹理　cross grain　08.058

斜纹木材　cross–grained wood　08.008

斜向切削　oblique cutting　08.223

斜榫　bevelled tenon　08.255

卸车台　unloading deck　07.131

泻溜　earth debris flow　05.033

薪材　fuel wood　07.172

薪炭林　firewood forest, fuelwood forest　01.020

* 芯板　core veneer, cross band veneer　08.291

芯板拼接机　core composer　08.439

新月形沙丘　barchane　05.088

新枞酸　neoabietic acid　09.124

心材　heartwood　08.013

心材腐朽　heart-rot　03.040

* 心土灌溉　sub–irrigation　06.140

形成层　cambium　08.028

形高　form height　04.060

形率　form quotient　04.056

形数　form factor　04.052

形质生长　quality increment　04.019

形状指数　form exponent　04.029

行道树　street tree　06.054

行状配置　strip spacing　02.131

胸高断面积　basal area, cross–sectional area at breast height　04.042

胸高形率　artificial form quotient, breast height form quotient　04.057

胸高形数　artificial form factor, breast height form factor　04.053

胸[高直]径　diameter at breast height, DBH　04.035

休憩区　recreation area　06.047

修干枝　dry prunning　02.188

修活枝　green prunning　02.189

修正系数法　correction factor method　04.123
修枝　prunning　02.187
修枝机　pruner　07.223
蓄积控制法　volume control method, volume regulation method　04.116
蓄积配分法　volume-alloting method　04.119
蓄积平分法　volume frame work　04.129
畜力集材　animal skidding　07.042
絮浆　flocculate　09.374
续燃时间　after flame time　08.215
悬移质　suspended load　05.052
*悬园　hanging garden　06.060
旋切单板　rotary cut veneer　08.283
旋切机　veneer peeling, lathe　08.432

旋切原木　peeler log, veneer log　08.279
选材　log sorting　07.134
选材台　sorting deck　07.135
选材自动线　automated log-sorting line　07.282
选苗机　seedling grading machine　07.203
*学理法　utilization percent method, rational method　04.121
穴植法　hole planting　02.152
雪枯病　snow blight　03.009
雪松烯　himachalene　09.154
熏黑高度　scorch height　03.169
循环式动力索道　endless cable system　07.067

Y

*压定木　compressed wood, staypak　08.395
压光　calendering　09.378
压料　swaging, swage set　08.132
压刨机　thicknesser　08.418
压缩木　compressed wood, staypak　08.395
压[缩破]坏　compression failure　08.091
亚硫酸盐浆　sulfite pulp　09.306
亚优势木　codominant tree　02.175
亚优势树种　subdominant tree species　02.052
岩生植物　rock plant　06.094
*岩生植物园　rock garden　06.056
岩石侵蚀　rocky erosion　05.042
岩石园　rock garden　06.056
沿海防护林　coast protection forest　05.106
*沿石　curbstone　06.141
燕尾榫　dovetail tenon　08.256
燕尾榫接合　dovetail joint　08.245
杨梅栲胶　myrica extract　09.190
*阳性树种　intolerant tree species　02.016
样地法　sample plot method　04.067
*样木　sample tree　04.073
窑干材　kiln-dried timber　08.146
野生动物　wildlife　03.198
野生动物保护区　wildlife refuge　03.203
野生动物管理　wildlife management　03.201
野生动物区系　wild fauna　03.199
野生苗　wild[l]ing　02.100

*一般法正林　generalized normal forest　04.203
一年生溃疡　annual canker　03.027
一元材积表　local volume table, one way volume table　04.135
移植苗　transplant　02.112
宜林地　suitable land for forest　02.122
溢油　bleeding　08.195
异长叶酸　isolongifolic acid　09.273
异长叶烯　isolongifolene　09.272
异海松酸　isopimaric acid　09.131
异海松烷　isopimarane　09.166
异泪柏烯　isomanoene　09.274
异龄林　uneven aged forest　01.027
异龙脑　isoborneol　09.177
异香叶醇　isogeraniol　09.275
*异种克生　allelopathy　02.040
H因子　H factor　09.330
Z因子　Z factor　09.331
引洪漫地　irrigation with torrential flood　05.141
引水拉沙　diverting water for sluicing sand　05.142
隐燃火　smouldering fire　03.147
应拉木　tension wood　08.016
应力木　reaction wood　08.014
应力松弛　stress relaxation　08.018

应压木　compression wood　08.015

营林防治　silvicultural control　03.004

营林机械　silviculture machinery　07.174

营林机械化　silviculture mechanization　07.175

营林机械系统　silviculture machine system　07.176

营林区　forest range　04.172

营养繁殖苗　planting stock [by vegetative propagation]　02.111

楹联　couplet on pillar　06.136

迎面火　back fire　03.150

硬质纤维板　hardboard　08.328

用材林　timber forest　01.017

用碱量　alkali charge　09.320

优[级松节]油　super turpentine　09.173

优良林分　superior stand, superior plantation　02.065

优势木　dominant tree　02.174

优势木高度　dominant height　04.079

优势树种　dominant tree species　02.051

优树　superior tree　02.064

优树采集区　clonal archive　02.079

油柑栲胶　emblic extract　09.185

*油锯　gasoline powered chain saw, chain saw　07.239

游乐场　amusement ground, pleasure ground　06.040

游离状打浆　fast beating, free beating　09.366

有害野生动物　noxious wildlife　03.202

有机溶剂载送法　Cellon process　08.185

有林地　forest land　04.186

有效碱　available alkali　09.322

有效氯　available chlorine　09.326

[右旋]海松酸　pimaric acid, dextropimaric acid　09.130

诱捕网　trap baiting net　03.219

诱导漂子　glancing boom, side boom　07.101

诱树　trap tree　03.092

幼林除草松土机　young stand cultivator　07.222

幼林抚育　tending [after young plantation]　02.159

幼林检查　checking [of young plantation]　02.160

幼龄材　juvenile wood　08.004

幼龄林　young growth　04.240

淤地坝　silt storage dam for farmland building, warp land dam　05.139

榆树荷兰病　Dutch elm disease　03.020

鱼鳞坑　fish scale pit　05.074

郁闭度　crown density　02.012

愈创木油　guaiac wood oil　09.257

育苗机械　seedling machinery　07.197

育种区　breeding zone　02.082

预备伐　preparatory cutting　02.200

预固化　precure　08.374

预热磨木浆　thermomechanical pulp　09.311

预压　prepressing　08.310

预压机　prepress　08.453

原花色素　proanthocyanidin　09.216

原浆　virgin pulp　09.317

原木　log　07.013

原木剥皮　log barking　08.118

原木材积　log volume　04.046

原木材积表　log volume table　04.139

[原木]出材量　mill run　08.133

原木集材　log-length logging, short wood logging　07.074

原木捆　log bundle　07.133

原木跑车　log carriage　08.410

原木素　protolignin　09.028

原木蒸煮　log cooking, log steaming　08.294

原木整形　log rough rounding　08.119

原始林　virgin forest　01.002

原条　tree-length, stem-length　07.014

原条材积表　tree-length volume table　04.144

原条集材　tree-length logging　07.075

原条捆　tree-length bundle　07.132

原纤丝　protofibril, elementary fibril　09.006

原野保留区　wilderness　03.197

园林　park and garden　06.001

园林工程　landscape engineering　06.006

园林规划　park and garden planning　06.002

园林建设　park and garden construction　06.005

园林建筑　garden structure　06.007

园林设计　park and garden design　06.003

Z

整形修剪树　clipped tree　06.074

拯救伐　salvage cutting　02.168

正号树　plus tree　02.063

* 正切削　orthogonal cutting　08.225

正形率　normal form quotient　04.058

正形数　normal form factor　04.054

枝枯病　shoot blight　03.016

枝条材积　branch volume, shoot volume　04.047

枝桠剥皮机　branchwood rosser　07.288

枝桠打捆机　branchwood baler　07.287

枝桠切碎机　slash chopper　07.196

枝桠收集机　branchwood collecting machine　07.286

枝桠推集机　forest rake　07.195

枝桠削片机　branchwood chipper　07.289

脂松节油　gum turpentine　09.091

脂松香　gum rosin　09.084

* 直播造林　seeding, direct seeding　02.144

直角切削　orthogonal cutting　08.225

直接印刷　direct painting　08.390

直径分布　diameter distribution　04.070

* 直径卷尺　diameter tape　04.088

* 直径括约数　diameter rounding　04.041

直径整化范围　diameter rounding　04.041

直升机集材　helicopter logging　07.073

直升机灭火装置　helitanker　07.232

直纹木材　straight-grained wood　08.007

植被搔碎机　reforestation scarifier　07.219

植篱　hedge　06.071

植苗造林　tree planting　02.146

植树机　tree planter　07.212

植树锹　planting bar　02.157

植物单宁　vegetable tannin　09.192

植物纤维　plant fiber　09.005

植物园　botanical garden　06.044

植物鞣料　vegetable tanning material　09.193

指率　indicating percent　04.236

指形接合　finger joint　08.246

纸浆　pulp　09.300

* 纸浆材　pulpwood　07.164

纸质贴面　paper overlay　08.387

置换漂白　displacement bleaching　09.343

置换洗涤　displacement washing　09.344

置石　rock layout　06.118

制材　lumbering　08.098

制材产品　lumber product　08.099

制材工艺　sawing technology　08.117

制材机械　lumbering machinery　08.397

制浆　pulping　09.299

滞后现象　hysteresis　08.083

中板　core veneer, cross band veneer　08.291

中等木　intermediate tree　02.176

中度火烧　moderate burn　03.168

中沟　median gutter　09.102

中间楞场　intermediate landing　07.096

中林　composite forest　01.008

中林作业　coppice with standard method　02.216

中龄林　half-mature forest　04.241

中密度刨花板　medium-density particleboard　08.349

中密度纤维板　medium density fiberboard, MDF　08.331

中期腐朽　intermediate decay　03.044

中生树种　mesophilous tree species　02.022

中庭庭园　patio　06.058

中心硬化　reverse casehardening　08.153

中性亚硫酸盐半化学浆　neutral sulphite semichemical pulp　09.310

* 中央断面积求积式　Huber's formula　04.032

* 中央木　average tree　04.074

中央直径　mid-diameter　04.039

种实调制　seed processing　02.090

* 种源　provenance, seed source　02.073

* 种源试验　provenance trial　02.074

种子包衣机　seed pelleting machine　07.187

种子采集处理机械　seed harvesting and processing machinery　07.177

种子[层积]催芽　seed stratification　02.092

种子干燥机　seed drying machine　07.186

* 种子机械　seed harvesting and processing machinery　07.177

种子检验　seed testing, seed quality examination　02.093

种子清选机　seed cleaner　07.185

种子区　seed zone　02.081

[种子]原产地　provenance, seed source

总碱 total alkali 09.329

总生长量 total increment 04.010

总体规划图 master plan, general plan 06.014

纵向切削 longitudinal cutting 08.219

纵向侵蚀 longitudinal erosion 05.018

阻燃剂 fire retardant 03.188

阻燃时间 duration of fire resistance 08.214

* 组合薄木 reconstituted veneer 08.287

组合单板 reconstituted veneer 08.287

组坯 assembly, lay-up 08.306

组坯机 lay-up machine 08.452

钻孔机 drilling machine, boring machine 08.425

最小损失防火理论 minimum-damage fire-control theory 03.117

左旋海松酸 levopimaric acid 09.125

作业调查 forest operational inventory 04.003

* 作业级 working group, working section, management class 04.222

* 作业区 forest range 04.172